專門職業及技術人員

高考建築師營建法規與實務考試完勝寶典

上冊

邱朝暉
高士峯 著

五南圖書出版公司 印行

自序

朝暉協助您建築師考試營建法規如何準備過關 SOP？

【本書脈絡】

1. 本書已將 10 年來歷屆試題蒐集彙整後，依照考選部命題大綱分類，但各法分類不採用條列式依序著作，這也是本書的目標與特色；各法分別用出題最為常考的法條重要程度先後呈現，加以說明該題目在考試中占有之地位來表示，另外讀者必須注意當年修正法規、建築法、建築技術規則、都市更新條例等相關修正條文，架構清楚之後回頭念要小心用語；不用計較法條的內容，但要記住法條的條號及條號談些什麼；要的是會思考的建築師，不是只會撿法條的建築師。

2. 書中分類重點提示：

   (1) 當讀者看到【適中】的註記表示非常重要，務必熟讀至少超過三次並將該條文倒背如流。

   (2) 題目出現【簡單】註記表示重要，必須要花點時間了解，並熟讀二次（表示近五年將考出兩次以上）。

   (3) 如果都出現【非常簡單】註記屬於常識題型，或是長久以來只有出現一次，可以簡單看過去就好。

   (4) 如果都出現註記【困難】、【非常困難】字眼也是簡單看過去就好，別在意為何不會，這類型題目表示很難無需浪費時間。

【如何搭配此書的時間安排】

1. 接下來將可以唸書時間排成：1＋4＋2＋2＋1個月（後面會詳盡解說），從現在您翻開書本到考前，每天必須花費 0.5 至 2 小時念這本精華版營建法規。

2. 一日時間的安排建議：

   上午上班前1小時（記憶力最佳）、午休時間（默寫早上讀過的法條）、晚上睡前（複習），一週安排一天補足加班或無法念書的時間，若是進度順利就安排休假一天盡情的放鬆。

3. 讀書時間計畫安排建議：

   (1) 一般學員必須一個月（12 月）：蒐集近 10 年考古題，但是學員已不需要了，本書將幫您彙整完畢，考前 4 個月（1～4 月）：精讀本書標範圍內所有題庫法規所有題庫重點至少三遍以上

   (2) 二個月時間（5～6 月）：必須鎖定本書標有【適中】註記的（**必須熟讀 3 次以上**）這些題庫為必須拿下的分數表示考很多次的類型題目，不會的都要弄懂至少 90%（百分百掌握必考法規）（考試基本分數占至少 50%）。

   (3) 二個月時間（7～8 月）：本書標有【簡單】的，這類型表示為出現兩次必須花點時間了解（近五年兩次，一樣倒背如流）（考試基本分數占至少 20%）**（熟讀 2 次）**。

   (4) 一個月（9 月）：自己可以嘗試練習歷屆 10 年的試題當模擬考，標註原因及問題點，將錯誤題目了解為何錯誤及做筆記，當考前加強複習的資料。

   (5) 考前最後一個月（10 月）：再加強精讀本書一個條文出現很多題庫的題目，務必了解運用自己圖像式記憶方式背起來，準備應戰考狀元，抱持我讀完本書會及格的心態去應考。

【作者介紹】

　　目前擔任建築師事務所工務部專業技術管理及配合建築專案營建法規因應與對策檢討之職，從事營建品質管理現場 14 年多經驗及職業安全管理現場 7 年多經驗，發現提升自己最好的方式就是取得專業證照，個人觀點要擔任一位全方位的專業建築師，所需要的經驗相對要比一般專業人員要更多，這樣才資格擔任建築人的領頭羊。

　　本書的著作動力是工程經歷加上自己彙整的筆記實務經驗，加以去驗證高考建築師營建法規考試而生，也經過許多位同學的認同與驗證，始得著作本書的念頭。

　　例如營造現場與設計有所衝突時如何加以應變對策，促使建築設計與營造作業搭配繼續完成，這是靠經驗技術累積方能予以克服，也是本書針對營建法規考試衍生著作，也期望幫助有心想考取執照的學員們。

　　本書可以協助您知道如何準備應對建築師考試類科的營建法規這門科目，期待讀者讀完本書後以會及格的心態去應考，順利取得及格狀元資格。

【特別致謝】

　　本書的完成要感謝高士峯老師與呂憶婷同學的協助與指導，當然更要謝謝內人彩怡的全力支持與五南圖書全體人員的協助，才能讓本書亮麗登場。最後祝福讀者皆能學習大順暢、考試大順利、一切大順心、金榜題名、及格通過本科考試。

　　獨自翱翔的人，才有最強的翅膀，獨自行走的人才有最強的方向感，朝暉與您共勉

邱朝暉 2024 年春季

目 錄

參　建築技術規則（含總則編、建築設計施工編、建築構造編、建築設備編）　043

肆 都市計畫法體系（含都市更新條例及其子法） 189

壹 建築法

一、建築法第 13 條

關鍵字與法條	條文內容
Q1：建築師法懲戒規定之適用 Q2：專業工業技師負責辦理？ 【建築法 #13】	本法所稱**建築物設計人及監造人為建築師，以依法登記開業之建築師為限**。但有關建築物結構及設備等專業工程部分，除**五層以下非供公眾使用**之建築物外，應由承辦建築師交由依法登記開業之**專業工業技師**負責辦理，建築師並負連帶責任。 公有建築物之設計人及監造人，得由起造之政府機關、公營事業機構或自治團體內，依法取得建築師或專業工業技師證書者任之。 開業建築師及專業工業技師不能適應各該地方之需要時，縣（市）政府得報經內政部核准，不受前二項之限制。

補充說明：（專業工程技師）

1. 依技師法 > 相關子法 > 各科技師執業範圍，內文標示之三十二項。

2. 以專門職業及技術人員高等考試技師考試規則

第二條　　專門職業及技術人員高等考試技師考試（以下簡稱本考試），分下列各類科：一、土木工程技師；二、水利工程技師；三、結構工程技師；四、大地工程技師；五、測量技師；六、環境工程技師；七、都市計畫技師；八、機械工程技師；九、**冷凍空調工程技師**；十、造船工程技師；十一、電機工程技師；十二、電子工程技師；十三、資訊技師；十四、航空工程技師；十五、化學工程技師；十六、工業工程技師；十七、工業安全技師；十八、工礦衛生技師；十九、紡織工程技師；二十、食品技師；二一、冶金工程技師；二二、農藝技師；二三、園藝技師；二四、林業技師；二五、畜牧技師；二六、漁撈技師；二七、水產養殖技師；二八、水土保持技師；二九、採礦工程技師；

三十、應用地質技師；三一、礦業安全技師；三二、交通工程技師。

題庫練習：

（B）1. 依建築法第 13 條的規定，政府機關自行起造的行政大樓，得由依法登記開業的建築師或機關內依法取得建築師證書的人員擔任設計人。兩種情形的設計人有關建築師法懲戒規定之適用，下列敘述何者正確？
【適中】

(A) 因同樣領有建築師證書，所以均有建築師法相關懲戒規定之適用

(B) 前者有建築師法相關懲戒規定之適用；後者無建築師法相關懲戒規定之適用

(C) 由起造之政府機關視個案違法情形決定是否有建築師法相關懲戒規定之適用再移送懲戒

(D) 由受理移送懲戒案之建築師懲戒委員會視個案違法情形討論後再決定是否適用

（B）2. 建築師設計建築物時，有關建築物結構與設備等專業工程部分，下列何種情況可不交由依法登記開業之專業工業技師負責辦理？
【非常簡單】

(A) 5 層以下，供公眾使用之建築物

(B) 5 層以下，非供公眾使用之建築物

(C) 6 層以下，非供公眾使用之建築物

(D) 6 層以下，供公眾使用之建築物

（B）3. 依建築法第 13 條之規定，建築物中部分專業工程之設計與監造，應由承辦建築師交由依法登記開業之專業工業技師負責辦理，下列何者正確？
【簡單】

(A) 景觀照明與水土保持工程　　　(B) 電力設備與中央空調工程

(C) 音響設備與結構工程　　　　　(D) 庭園植栽與消防工程

（B）4. 建築法規定，建築物設計人及監造人為建築師，以依法登記開業之建築師為限，但有關建築物專業工程部分，除五層以下非供公眾使用之建築物外，應由承辦建築師交由依法登記開業何種專業工業技師負責辦理？①結構技師②電機技師③空調技師④景觀技師⑤室內設計技師
【非常簡單】

(A) ②④　　　　(B) ①②　　　　(C) ①④　　　　(D) ③⑤

（D）5. 依建築法第 13 條之規定，建築師受委託辦理建築物之設計及監造，應負該工程之設計及監督施工之責任。但部分建築物之結構與設備等專

業工程部分，應由承辦建築師交由依法登記開業之專業工業技師負責辦理，建築師負連帶責任。所謂部分建築物係指下列何者？ 【困難】

(A) 五層以上供公眾使用之建築物

(B) 五層以上非供公眾使用之建築物

(C) 五層以下非供公眾使用之建築物

(D) 五層以下非供公眾使用者除外之建築物

(D) 6. 有關「監造人」與「監工人」之敘述，下列何者正確？ 【簡單】

(A) 工作內容相同，權責相同　　(B) 工作內容不相同，權責相同

(C) 工作內容相同，權責不相同　　(D) 工作內容不相同，權責不相同

Tips

「監造」為設計者代表，其工作是因為設計需要，延伸至工地的手段，協助設計的構想得以實踐，屬「**被動的監督人**」，促使設計的構想不致偏離。

「監工」是施工廠商派任的工程人員，其工作是為求實踐設計理念的呈現，具有施工專業知識、技術、管理、整合能力，為營建過程「**主動的行為人**」。（詳設計與監造的關係；設計與施工的關係，其個別職責，陳邁建築師著）來源：https://blog.xuite.net/twei.archi/twblog/128891781%E7%9B%A3%E9%80%A0%E8%88%87%E7%9B%A3%E5%B7%A5

(C) 7. 「監造人」是指負責監造工作之： 【簡單】

(A) 相關人員　 (B) 現場工程人員　 (C) 建築師　 (D) 專業技師

二、建築法第 5 條

關鍵字與法條	條文內容
供公眾建築 【建築法 #5】	本法所稱供公眾使用之建築物，為供公眾工作、營業、居住、遊覽、娛樂及其他供公眾使用之建築物。

補充說明：

其範圍如下：同一建築物供二種以上不同之用途使用時，應依各該使用之樓地板面積按本範圍認定之：

(1) 戲院、電影院、演藝場。

(2) 舞廳（場）、歌廳、夜總會、俱樂部、加以區隔或包廂式觀光（視聽）

理髮（理容）場所。

(3) 酒家、酒吧、酒店、酒館。

(4) 公共浴室、三溫暖場所。

(5) 博物館、美術館、資料館、**圖書館**、陳列館、水族館、集會堂（場）。

(6) **寺廟**、教堂（會）、宗祠（祠堂）。

(7) 電影（電視）攝影廠（棚）。

(8) 銀行、合作社、郵局、電信局營業所、電力公司營業所、自來水營業所、瓦斯公司營業所、證券交易場所。

(9) 車站、航空站、加油（氣）站。

(10) **殯儀館**、納骨堂（塔）。

(11) **六層以上之集合住宅（公寓）**。

(12) **總樓地板面積 200 平方公尺以上**：
　　a. 保齡球館、遊藝場、室內兒童樂園、室內溜冰場、室內遊泳場、室內撞球場、體育館、說書場、育樂中心、視聽伴唱、遊藝場所、錄影節目帶播映場所、健身中心、技擊館之資訊休閒服務場所。
　　b. 托兒所、幼稚園、小學、中學、大專院校、**補習學校**、供學童使用之補習班、課後托育中心之補習班及訓練班。

(13) **總樓地板面積在 300 平方公尺以上**：【口訣：吃的 300】
　　a. 餐廳、咖啡廳、茶室、食堂。
　　b. 倉庫、汽車庫、修車場。
　　c. 屠宰場。

(14) **總樓地板面積在 500 平方公尺以上**：【口訣：用的 500】
　　a. 旅館類之寄宿舍。
　　b. **市場**、百貨商場、**超級市場**、休閒農場遊客休憩分區內之農產品與農村文物展示（售）及教育解說中心。
　　c. 一般行政機關及**公私團體辦公廳**、農漁會營業所。

(15) 醫院、療養院、兒童及少年安置教養機構、老人福利機構之長期照護機構、安養機構（設於地面一層面積超過五百平方公尺或設於二層至五層之任一層面積超過三百平方公尺或設於六層以上之樓層者）、身心障礙福利機構、護理機構、住宿型精神復健機構。

(16) 都市計畫內使用電力（包括電熱）在三十七點五千瓦以上或其作業廠房之樓地板面積合計在二百平方公尺以上之工廠及休閒農場遊客休憩分區內總樓地板面積在二百平方公尺以上之自產農產品加工（釀造）廠、都市計畫外使用電力（包括電熱）在七十五千瓦以上或其作業廠房之樓地板面積合計在五百平方公尺以上之**工廠**及休閒農場遊客休憩分區內總樓地板面積在五百平方公尺以上之自產農產品加工（釀造）廠。

題庫練習：

（C）1. 下列何者不屬建築法所稱之供公眾使用建築物？　　　　【非常簡單】
(A) 殯儀館　(B) 寺廟　(C)5 層樓集合住宅　(D) 俱樂部

（A）2. 總樓地板面積 400 平方公尺之下列用途建築物，何者不是供公眾使用建築物之範圍的建築物？　　　　　　　　　　　　　【困難】
(A) 市場　(B) 餐廳　(C) 咖啡廳　(D) 補習班

（C）3. 下列何者不屬於建築法所稱之供公眾使用建築物？　　【非常簡單】
(A) 3 樓以上的市立圖書館
(B) 總樓地板面積 800 平方公尺的超級市場
(C) 5 樓以下的集合住宅
(D) 總樓地板面積 600 平方公尺的農會營業所

（D）4. 實施都市計畫地區之建築物，下列何者非屬於供公眾使用之建築物？　　　　　　　　　　　　　　　　　　　　　　　【簡單】
(A) 銀行　　　　　　　　　　(B) 總樓地板面積 300 m² 之倉庫
(C) 總樓地板面積 200 m² 之補習班 (D) 五層之集合住宅

（A）5. 依建築法第 5 條之規定，總樓地板面積 1000 平方公尺之建築物，下列何者不是都市計畫範圍內所稱供公眾使用之建築物？　　【簡單】
(A)5 層樓集合住宅　(B) 私人辦公大樓　(C) 市場　(D) 工廠

（B）6. 依供公眾使用建築物之相關規定，在實施都市計畫地區，集合住宅至少多少層即屬於供公眾使用建築物？　　　　　　　　　　【簡單】
(A)5　(B)6　(C)11　(D)16

三、建築法第 9 條

關鍵字與法條	條文內容
「改建」、「修建」 原建築基地範圍內建造 建造行為： 新、增、改、修 【建築法 #9】	本法所稱建造，係指下列行為： 一、新建：為新建造之建築物或將原建築物全部拆除而重行建築者。 二、增建：於原建築物增加其面積或高度者。但以過廊與原建築物連接者，應視為新建。 三、改建：將建築物之一部分拆除，於原建築基地範圍內改造，而不增高或擴大面積者。 四、修建：建築物之基礎、樑柱、承重牆壁、樓地板、屋架及屋頂，其中任何一種有過半之修理或變更者。

題庫練習：

（C）1. 依建築法規定，將建築物之一部分拆除，於原建築基地範圍內建造，而不增加或擴大面積者，屬於下列哪一種建造行為？　　　　【簡單】
(A) 新建　(B) 增建　(C) 改建　(D) 修建

（D）2. 依建築法第 9 條之規定，下列有關改建之定義，何者錯誤？　【適中】
(A) 得拆除部分原建築物　　　　　　(B) 高度或面積均不得增加
(C) 不得超出原建築基地　　　　　　(D) 主要構造不得改變

（D）3. 建築法中所定義之「改建」、「修建」，以及都市更新條例處理都市更新時所稱之「重建」、「整建」。下列敘述何者正確？　　　【適中】
(A) 建築物之基礎、樑柱、樓地板、屋架等，其中任何一種有過半之修理或變更即稱為重建
(B) 將建築物之一部分拆除，於原基地範圍內改造，而不增高或擴大面積者稱為修建
(C) 建築物之改建應請領建造執照，修建應請領雜項執照
(D) 整建係指改建、修建更新地區內建築物或充實其設備，並改進區內公共設施

（D）4. 建築法中所稱「建造」是指下何者？①新建②增建③重建④修建⑤改建　　　　　　　　　　　　　　　　　　　　　　　　　【簡單】

(A) ①②③④ (B) ①②③④ (C) ①③④⑤ (D) ①②④⑤

(C) 5. 將建築物之基礎、樑柱、承重牆壁、樓地板、屋架或屋頂、其中任何一種有過半之修理或變更者，屬於下列何者之建造行為？　【適中】

(A) 重建　(B) 改建　(C) 修建　(D) 再建

(B) 6. 依建築法規定，將建築物之一部分拆除，於原建築基地範圍內改造，而不增高或擴大面積者，屬於下列何者之建造行為？　【適中】

(A) 新建　(B) 改建　(C) 修建　(D) 增建

四、建築法第 28 條

關鍵字與法條	條文內容
建築執照分四種 【建築法 #28】	建築執照分下列四種： 一、**建造執照**：建築物之**新建、增建、改建及修建**，應請領建造執照。 二、雜項執照：雜項工作物之建築，應請領雜項執照。 三、使用執照：建築物建造完成後之使用或變更使用，應請領使用執照。 四、拆除執照：建築物之拆除，應請領拆除執照。

題庫練習：

(A) 1. 依建築法規定，建築物之新建、增建、改建及修建，應請領哪種執照？　【非常簡單】

(A) 建造執照　(B) 雜項執照　(C) 使用執照　(D) 拆除執照

(D) 2. 依據建築法之規定，建築物之新建、增建、改建及修建，應請領哪一種建築執照？　【非常簡單】

(A) 使用執照　(B) 拆除執照　(C) 雜項執照　(D) 建造執照

(D) 3. 建築法中所定義之「改建」、「修建」，以及都市更新條例處理都市更新時所稱之「重建」、「整建」。下列敘述何者正確？　【適中】

(A) 建築物之基礎、樑柱、樓地板、屋架等，其中任何一種有過半之修理或變更即稱為重建

(B) 將建築物之一部分拆除，於原基地範圍內改造，而不增高或擴大面積者稱為修建

(C) 建築物之改建應請領建造執照，修建應請領雜項執照

(D) 整建係指改建、修建更新地區內建築物或充實其設備，並改進區內

公共設施

（D）4.　申請建築執照，須經都市設計審議者，下列程序何者正確？　【簡單】

(A) 先送建築執照申請，待通過再送都市設計審議，最後再送建築線申請

(B) 先送建築線申請，待核准再送建築執照申請，最後再送都市設計審議

(C) 都可同時進行，只要同時核准即可

(D) 先送建築線及都市設計審議的申請，通過後再送建築執照的申請

五、建築法第 29、39 條

關鍵字與法條	條文內容
拆除執照 【建築法 #29】	直轄市、縣（市）（局）主管建築機關核發執照時，應依下列規定，向建築物之起造人或所有人收取規費或工本費： 一、建造執照及雜項執照：按建築物造價或雜項工作物造價收取千分之一以下之規費。如有變更設計時，應按變更部分收取千分之一以下之規費。 二、使用執照：收取執照工本費。 三、**拆除執照：免費發給**。
一次報驗 【建築法 #39】	**起造人應依照核定工程圖樣及說明書施工**；如於興工前或施工中變更設計時，仍應依照本法申請辦理。但不變更主要構造或位置，不增加高度或面積，不變更建築物設備內容或位置者，得於竣工後，備具竣工平面、立面圖，一次報驗。

題庫練習：

（D）1.　依建築法規定，下列有關建築執照之敘述，何者正確？　【簡單】

(A) 領得建造執照後其設計面積減少 4 分之 1，可免辦理變更設計

(B) 直轄市、縣（市）（局）主管建築機關核發拆除執照時，應依規定向建築物之起造人或所有人收取造價千分之一以下之規費

(C) 領得使用執照後如未依原核定用途類組使用應先申請變更建造執照

(D) 不變更主要構造或位置、不增加高度或面積、不變更建築物設備內容或位置者，得於竣工後，備具竣工平面、立面圖，一次報驗

（A）2.　依建築法第 39 條規定之敘述，依照核定工程圖樣施工是下列何者的責任？　【非常困難】

(A) 起造人　(B) 承造人　(C) 設計人　(D) 監造人

（C）3. 依建築法規定建築物施工時，下列何者得於竣工後修正竣工圖報驗，免辦理變更設計？　　　　　　　　　　　　　　　　【非常簡單】
(A) 變更結構樑平面位置　　　(B) 變更建築物高度
(C) 變更立面窗戶尺寸　　　　(D) 變更昇降機位置

（D）4. 依建築法第 39 條之規定，起造人應依照核定工程圖樣及說明書施工，如於興工前或施工中變更設計時，仍應依照建築法辦理變更設計，惟變更建築物何者得於竣工後，備具竣工平面圖、立面圖一次報驗？　　　　　　　　　　　　　　　　　　　　　　　　　　　【簡單】
(A) 主要構造或位置　　　　　(B) 各樓層之高度
(C) 主要設備內容　　　　　　(D) 外牆外飾材料

六、建築法第 54 條

關鍵字與法條	條文內容
開工： 會同 承 造人及 監 造人將開工日期 【建築法 #54】	起造人自領得建造執照或雜項執照之日起，應於六個月內開工；並應於開工前，**會同承造人及監造人將開工日期**，連同姓名或名稱、住址、證書字號及承造人施工計畫書，申請該管主管建築機關備查。 起造人因故不能於前項期限內開工時，應敘明原因，**申請展期一次**，期限為**三個月**。未依規定申請展期，或已逾展期期限仍未開工者，其建造執照或雜項執照自規定得展期之期限屆滿之日起，失其效力。 第一項施工計畫書應包括之內容，於建築管理規則中定之。

題庫練習：

（B）1. 依據建築法之規定，起造人自領得建造執照或雜項執造之日起，應於幾個月內開工？　　　　　　　　　　　　　　　　　　　　【簡單】
(A)3 個月　　(B)6 個月　　(C)10 個月　　(D)12 個月

（C）2. 起造人自領得建造執照或雜項執照之日起，應於一定期限內開工，起造人因故不能於前項期限內開工時，應敘明原因，申請展期，但展期不得超過 3 個月，逾期執照失其效力。因此自領得執照至執照失其效力最長時間為幾個月？　　　　　　　　　　　　　　　　【適中】
(A)15　　　　(B)12　　　　(C)9　　　　(D)6

（B）3. 依建築法規定起造人於領得建造執照之日起，應於多久時限內開工？　　　　　　　　　　　　　　　　　　　　　　　　　　　【簡單】

(A)3 個月　　　(B)6 個月　　　(C)1 年　　　(D)2 年

（D）4. 某建造執照案申請，於 103 年 7 月 1 日建造執照核准，起造人於 103 年 7 月 16 日接獲通知領取建造執照，起造人於 103 年 8 月 1 日領得建造執照，包括開工展期期程，起造人最晚應於何時開工？　【簡單】

(A) 103 年 12 月 31 日　　　　　(B) 104 年 1 月 15 日

(C) 104 年 3 月 31 日　　　　　(D) 104 年 4 月 30 日

七、建築法第 7 條

關鍵字與法條	條文內容
雜項工作物 【建築法 #7】	本法所稱**雜項工作物**，為營業爐、水塔、**瞭望臺**、招牌廣告、樹立廣告、散裝倉、廣播塔、煙囪、**圍牆**、**機械遊樂設施**、游泳池、**地下儲藏庫**、建築所需駁崁、**挖填土石方**等工程及建築物興建完成後增設之中央系統空氣調節設備、**昇降設備**、機械停車設備、防空避難設備、**污物處理設施**等。

題庫練習：

（A）1. 依建築法規定，下列哪一項屬雜項工作物？　【簡單】

(A) 圍牆　　　(B) 消雷　　　(C) 污水　　　(D) 電信

（C）2. 下列何者非建築法所稱之雜項工作物？　【簡單】

(A) 地下儲藏庫　　(B) 機械遊樂設施　　(C) 分間牆　　(D) 瞭望臺

（D）3. 依建築法第 7 條之規定，下列何者無須請領雜項執照？　【簡單】

(A) 挖填土石方工程　　　　　(B) 污物處理設施

(C) 昇降設備　　　　　　　　(D) 庭園植栽工程

（B）4. 建築法所稱建築執照分為四種，如單獨申請圍牆之興建，須申請下列哪一種執照？

(A) 建造執照　　(B) 雜項執照　　(C) 增建執照　　(D) 修建執照

八、建築法第 60 條

關鍵字與法條	條文內容
負連帶責任？ **賠償責任之敘述** 【建築法 #60】	建築物由監造人負責監造，其施工不合規定或肇致起造人蒙受損失時，賠償責任，依下列規定： 一、監造人認為不合規定或承造人擅自施工，至必須修改、拆除、重建或予補強，經主管建築機關認定者，由**承造人負賠償責任**。 二、**承造人未按核准圖說施工**，而監造人認為合格經直轄市、縣（市）（局）主管建築機關勘驗不合規定，必須修改、拆除、重建或補強者，由**承造人負賠償責任**，承造人之專任工程人員及監造人負連帶責任。

題庫練習：

（C）1.　承造人未按核准圖說施工，而監造人認為合格經直轄市、縣（市）（局）主管建築機關勘驗不合規定，必須修改、拆除、重建或補強者，由下列何者負連帶責任？　　　　　　　　　　　　　　【簡單】
(A) 承造人之品管人員　　　　　　　(B) 監造人
(C) 承造人之專任工程人員及監造人　(D) 保險公司

（D）2.　依建築法第 60 條之規定，承造人未按核准圖說施工，而監造人認為合格，經主管建築機關勘驗不合規定，肇致起造人蒙受損失時，下列有關賠償責任之敘述，何者正確？　　　　　　　　　　　　　【簡單】
(A) 承造人及監造人共同負賠償責任，起造人負連帶責任
(B) 監造人負賠償責任，承造人及專任工程人員負連帶責任
(C) 監造人負賠償責任，承造人及專任工程人員負連帶責任
(D) 承造人負賠償責任，專任工程人員及監造人負連帶責任

（A）3.　承造人未按核准圖說施工，而監造人認為合格經直轄市、縣（市）（局）主管建築機關勘驗不合規定，必須修改、拆除、重建或補強者，由下列何者負賠償責任？　　　　　　　　　　　　　　　　【適中】
(A) 承造人　(B) 監造人　(C) 承造人及監造人各半　(D) 保險公司

九、建築法第 61 條

關鍵字與法條	條文內容
發生主要構造與核定工程圖樣及說明書不符之情事 【建築法 #61】	建築物在施工中，如有第五十八條各款情事之一時，**監造人應分別通知承造人及起造人修改**；其未依照規定修改者，應即申報該管主管建築機關處理。

題庫練習：

（D）1. 依建築法第 61 條之規定，建築物在施工中若發生主要構造與核定工程圖樣及說明書不符之情事，監造人應如何處理？　　【適中】
(A) 勒令停工，並通知起造人修改
(B) 勒令停工，並通知承造人及起造人修改
(C) 分別通知承造人及專任工程人員修改
(D) 分別通知起造人及承造人修改

（C）2. 依建築法第 61 條之規定，建築物在施工中如高度與核定工程圖樣不符，監造人應如何處理？　　【困難】
(A) 勒令停工，並分別通知承造人及起造人修改
(B) 勒令停工，並分別通知承造人及起造人修改，同時申報主管建築機關處理
(C) 分別通知承造人及起造人修改
(D) 分別通知承造人及起造人修改，同時申報主管建築機關處理

（C）3. 監造建築師發現現場施工與發包圖說不符時，應通知：①起造人②承造人③直接施作之分包商④建築主管機關　　【簡單】
(A) ②③　　　(B) ②④　　　(C) ①②　　　(D) ①④

十、建築法第 1 條

關鍵字與法條	條文內容
建築法立法意旨／宗旨 安、交、衛、瞻 【建築法 #1】	為實施建築管理，以**維護公共安全、公共交通、公共衛生及增進市容觀瞻**，特制定本法；本法未規定者，適用其他法律之規定。

題庫練習：

(C) 1. 下列何者不屬於建築法立法意旨？	【簡單】
(A) 維護公共安全　　　　(B) 維護公共衛生	
(C) 改善建築職業環境　　(D) 增進市容觀瞻	
(C) 2. 有關建築法制定目的之敘述，下列何者錯誤？	【適中】
(A) 維護公共安全　　　　(B) 維護公共交通	
(C) 維護公共設施　　　　(D) 增進市容觀瞻	

十一、建築法第 3 條

關鍵字與法條	條文內容
適用地區 【建築法 #3】	本法適用地區如下： 一、實施都市計畫地區。 二、**實施區域計畫地區。** 三、經內政部指定地區。 前項地區外供公眾使用及公有建築物，本法亦適用之。 第一項第二款之適用範圍、申請建築之審查許可、施工管理及使用管理等事項之辦法，由中央主管建築機關定之。

題庫練習：

(B) 1. 建築法之適用範圍不包括下列何者？	【適中】
(A) 實施都市計畫地區　　(B) 實施綜合計畫地區	
(C) 經內政部指定地區　　(D) 供公眾使用及公有建築物	
(B) 2. 實施區域計畫地區建築管理辦法是依據下列何者訂定？	【適中】
(A) 區域計畫法　　　　　(B) 建築法	
(C) 非都市土地使用管制規則　(D) 都市計畫法	

十二、建築法第 16、19 條

關鍵字與法條	條文內容
得免由營造業承造 【建築法 #16】	建築物及雜項工作物造價在一定金額以下或規模在一定標準以下者，**得免由建築師設計，或監造或營造業承造。** 前項造價金額或規模標準，由直轄市、縣（市）政府於建築管理規則中定之。

關鍵字與法條	條文內容
標準圖樣申請建築 【建築法 #19】	內政部、直轄市、縣（市）政府得製訂各種標準建築圖樣及說明書，以供人民選用；人民選用標準圖樣申請建築時，**得免由建築師設計及簽章。**
免申請建築執照 【辦法 #7】	**原有農舍之修建，改建或增建面積在四十五平方公尺以下之平房**得免申請建築執照，但其建蔽率及總樓地板面積不得超過本辦法之有關規定。

題庫練習：

（B）1. 依建築法及其相關子法，有關免由建築師設計監造或營造業承造，及免申請建築執照等事宜，下列敘述何者錯誤？　　　　　　【適中】
    (A) 建築物及雜項工作物造價在一定金額以下或規模在一定標準以下者，得免由營造業承造
    (B) 建築物及雜項工作物造價在一定金額以下或規模在一定標準以下者，得免申請建造執照
    (C) 人民選用政府制定之標準圖樣申請建築時，得免由建築師設計及簽章
    (D) 原有農舍之修建、改建或增建面積在 45 平方公尺以下之平房，得免申請建築執照

（C）2. 建築物及雜項工作物造價在一定金額以下或規模在一定標準以下者，下列敘述何者錯誤？　　　　　　　　　　　　　　　　　【簡單】
    (A) 得免由建築師設計　　　　　(B) 得免由建築師監造
    (C) 得免申請建築執照　　　　　(D) 得免由營造業承造

十三、建築法第 25、73、86、91 條

關鍵字與法條	條文內容
Q1：擅自建造者罰鍰 **Q2：得「強制拆除」之情況** 【建築法 #25】	1. 建築物非經申請直轄市、縣（市）（局）主管建築機關之審查許可並發給執照，不得擅自建造或使用或拆除。但合於第七十八條及第九十八條規定者，不在此限。 2. 直轄市、縣（市）（局）主管建築機關為處理擅自建造或使用或拆除之建築物，得派員攜帶證明文件，進入公私有土地或建築物內勘查。

關鍵字與法條	條文內容
【建築法 #73】	1. 建築物非經領得使用執照，不准接水、接電及使用。但直轄市、縣（市） 政府認有下列各款情事之一者，得另定建築物接用水、電相關規定： 一、偏遠地區且非屬都市計畫地區之建築物。 二、因興辦公共設施所需而拆遷具整建需要且無礙都市計畫發展之建築物。 三、天然災害損壞需安置及修復之建築物。 四、其他有迫切民生需要之建築物。 2. 建築物應依核定之使用類組使用，其有變更使用類組或有第九條建造行為以外主要構造、防火區劃、防火避難設施、消防設備、停車空間及其他與原核定使用不合之變更者，應申請變更使用執照。但建築物在一定規模以下之使用變更，不在此限。 3. 前項一定規模以下之免辦理變更使用執照相關規定，由直轄市、縣（市）主管建築機關定之。 4. 第二項建築物之使用類組、變更使用之條件及程序等事項之辦法，由中央主管建築機關定之。
【建築法 #86】	違反第二十五條之規定者，依左列規定，分別處罰： 一、**擅自建造者，處以建築物造價千分之五十以下罰鍰**，並勒令停工補辦手續；必要時得強制拆除其建築物。 二、擅自使用者，處以建築物造價千分之五十以下罰鍰，並勒令停止使用補辦手續；其有第五十八條情事之一者，並得封閉其建築物，限期修改或強制拆除之。 三、擅自拆除者，處一萬元以下罰鍰，並勒令停止拆除補辦手續。
得「強制拆除」之情況 【建築法 #91】	有下列情形之一者，處建築物所有權人、使用人、機械遊樂設施之經營者新臺幣六萬元以上三十萬元以下罰鍰，並限期改善或補辦手續，屆期仍未改善或補辦手續而繼續使用者，得連續處罰，並限期停止其使用。必要時，並停止供水供電、封閉或命其於期限內自行拆除，恢復原狀或**強制拆除**： 一、違反第七十三條第二項規定，**未經核准變更使用擅自使用建築物者**。 二、未依第七十七條第一項規定維護建築物合法使用與其構造及設備安全者。 三、規避、妨礙或拒絕依第七十七條第二項或第四項之檢查、複查或抽查者。 四、未依第七十七條第三項、第四項規定**辦理建築物公共安全檢查簽證或申報者**。

關鍵字與法條	條文內容
	五、違反第七十七條之三第一項規定，未經領得使用執照，擅自供人使用機械遊樂設施者。 六、違反第七十七條之三第二項第一款規定，未依核准期限使用機械遊樂設施者。 七、未依第七十七條之三第二項第二款規定常時投保意外責任保險者。 八、未依第七十七條之三第二項第三款規定實施定期安全檢查者。 九、未依第七十七條之三第二項第四款規定置專任人員管理操作機械遊樂設施者。 十、未依第七十七條之三第二項第五款規定置經考試及格或檢定合格之機電技術人員負責經常性之保養、修護者。 有供營業使用事實之建築物，其所有權人、使用人違反第七十七條第一項有關維護建築物合法使用與其構造及設備安全規定致人於死者，處一年以上七年以下有期徒刑，得併科新臺幣一百萬元以上五百萬元以下罰金；致重傷者，處六個月以上五年以下有期徒刑，得併科新臺幣五十萬元以上二百五十萬元以下罰鍰。

題庫練習：

（A）1. 違反建築法第 25 條之規定，建築物未經申請建築許可而擅自建造者，處以建築物造價千分之多少以下罰鍰？　　　　　　　　【簡單】

(A)50　　　　　(B)60　　　　　(C)70　　　　　(D)80

（D）2. 建築物依建築法得「強制拆除」之情況，不包含下列何者？　【適中】

(A) 未依規定辦理建築物公共安全檢查簽證或申報者

(B) 未經核准變更使用擅自使用建築物者

(C) 違反建築物退讓規定者

(D) 未依規定按時申報施工勘驗者

十四、建築法第 30 條

關鍵字與法條	條文內容
應具備之文件 【建築法 #30】	起造人申請建造執照或雜項執照時，應備具**申請書、土地權利證明文件、工程圖樣及說明書**。

題庫練習：

（C）1. 下列哪一項文件不屬於起造人申請建造執照或雜項執照時，應具備之文件？ 【非常簡單】
(A) 工程圖樣及說明書　　　　　(B) 土地權利證明文件
(C) 建物權利證明文件　　　　　(D) 申請書

（B）2. 起造人申請雜項執照時，須具備下列何種文件？①申請書②土地權利證明文件③拆除執照④工程圖樣及說明書 【非常簡單】
(A) ①②③　　(B) ①②④　　(C) ①③④　　(D) ②③④

十五、建築法第 55、56 條

關鍵字與法條	條文內容
應即申報該管主管建築機關備案？ 【建築法 #55】	起造人領得建造執照或雜項執照後，如有下列各款情事之一者，應即申報該管主管建築機關備案： 一、變更**起**造人。 二、**變更承造人**。 三、變更**監**造人。 四、工程**中**止或**廢**止。 前項中止之工程，其可供使用部分，應由起造人依照規定辦理變更設計，申請使用；其不堪供使用部分，由起造人拆除之。
勘驗： 承造人會同監造人按時申報後，方得繼續施工 【建築法 #56】	建築工程中必須勘驗部分，應由直轄市、縣（市）主管建築機關於核定建築計畫時，**指定由承造人會同監造人按時申報後，方得繼續施工，主管建築機關得隨時勘驗之。** 前項建築工程必須勘驗部分、勘驗項目、勘驗方式、勘驗紀錄保存年限、申報規定及起造人、承造人、監造人應配合事項，於建築管理規則中定之。

題庫練習：

（C）1. 依建築法規定，起造人領得建築執照或雜項執照後，有下列何項情事者，應即申報該管主管建築機關備案？ 【適中】
(A) 變更設計人　　(B) 變更使用人　　(C) 變更承造人　　(D) 變更租賃人

（C）2. 建築工程中必須勘驗部分，經主管機關於核定建築計畫時指定由何人按時申報後，方得繼續施工？ 【適中】
(A) 監造人會同承造人　　　　　(B) 承造人會同起造人
(C) 承造人會同監造人　　　　　(D) 起造人會同承造人

十六、建築法第 58、87、93 條

關鍵字與法條	條文內容
得強制拆除 【建築法 #58】	建築物在施工中，直轄市、縣（市）（局）主管建築機關認有必要時，得隨時加以勘驗，發現下列情事之一者，應以書面通知承造人或起造人或監造人，勒令停工或修改；必要時，得強制拆除： 一、**妨礙都市計畫者。** 二、**妨礙區域計畫者。** 三、危害公共安全者。四、妨礙公共交通者。 五、妨礙公共衛生者。 六、**主要構造或位置或高度或面積與核定工程圖樣及說明書不符者。** 七、違反本法其他規定或基於本法所發布之命令者。
「勒令停工」之情況 【建築法 #87】	有下列情形之一者，處起造人、承造人或監造人新臺幣九千元以下罰鍰，並勒令補辦手續；必要時，並得**勒令停工**。 一、違反第三十九條規定，未依照核定工程圖樣及說明書施工者。 二、建築執照遺失未依第四十條規定，刊登新聞紙或新聞電子報作廢，申請補發者。 三、**逾建築期限未依第五十三條第二項規定，申請展期者。** 四、逾開工期限未依第五十四條第二項規定，申請展期者。 五、變更起造人、承造人、監造人或工程中止或廢止未依第五十五條第一項規定，申請備案者。 六、中止之工程可供使用部分未依第五十五條第二項規定，辦理變更設計，申請使用者。 七、未依第五十六條規定，按時申報勘驗者。
復工經制止不從者罰金 【建築法 #93】	依本法規定勒令停工之建築物，非經許可不得擅自復工；未經許可擅自復工經制止不從者，除強制拆除其建築物或勒令恢復原狀外，處一年以下有期徒刑、拘役或科或併科**三萬元以下罰金**。

題庫練習：

（C）1. 依建築法規定，有關建築物強制拆除之規定，下列敘述何者錯誤？

【適中】

(A) 施工中建築物妨礙都市計畫者，必要時得強制拆除

(B) 擅自建造者，必要時得強制拆除

(C) 經勒令停工之建築物，未經許可擅自復工經制止不從者，必要時得強制拆除併科 3 萬元以上罰金

(D) 施工中建築物，主要構造或位置或高度或面積與核定工程圖樣及說明書不符者，必要時得強制拆除

(C) 2. 建築物依建築法得「勒令停工」之情況，不包含下列何者？【非常簡單】
    (A) 妨礙都市計畫或區域計畫者
    (B) 主要構造與核定工程圖樣及說明書不符者
    (C) 未依規定聘用一定比例之本國勞工者
    (D) 逾建築期限未申請展期者

十七、建築法第 85 條

關鍵字與法條	條文內容
違反建築法罰則；其不遵從而繼續營業者，處一年以下有期徒刑【建築法 #85】	違反第十三條或第十四條之規定，擅自承攬建築物之設計、監造或承造業務者，勒令其停止業務，並處以六千元以上三萬元以下罰鍰；其不遵從而繼續營業者，處一年以下有期徒刑、拘役或科或併科三萬元以下罰金。

題庫練習：

(A) 1. 下列何者違反建築法罰則最重處 1 年以下有期徒刑？ 【適中】
    (A) 擅自承攬建築物之設計業務者，經勒令停止業務，其不遵從而繼續營業者
    (B) 擅自建造、使用、拆除者
    (C) 未依照核定工程圖樣及說明書施工者
    (D) 供公眾使用建築物公共安全檢查簽證內容不實者

(C) 2. 有關建築師未經依法開業登記而擅自承攬設計業務之敘述，下列何者錯誤？ 【非常困難】
    (A) 勒令停止業務
    (B) 處以六千元以上，三萬元以下之罰鍰
    (C) 其不遵從而繼續營業者，處以兩年以下有期徒刑
    (D) 拘役或科或併科三萬元以下罰金

十八、建築法第 70、72、73、76 條

關鍵字與法條	條文內容
查驗完**竣**： 應由 **起** 造人會同 **承** 造人及 **監** 造人申請使用執照 【建築法 #70】	建築工程完竣後，**應由起造人會同承造人及監造人申請使用執照**。直轄市、縣（市）（局）主管建築機關**應自接到申請之日起，十日內派員查驗完竣**。其主要構造、室內隔間及建築物主要設備等與設計圖樣相符者，發給使用執照，並得核發謄本；不相符者，一次通知其修改後，再報請查驗。但供公眾使用建築物之查驗期限，得展延為二十日。建築物無承造人或監造人，或承造人、監造人無正當理由，經建築爭議事件評審委員會評審後而拒不會同或無法會同者，由起造人單獨申請之。第一項主要設備之認定，於建築管理規則中定之。
申請 **使** 用執照時： **消** 防主管機關 【建築法 #72】	供公眾使用之建築物，依第七十條之規定申請使用執照時，直轄市、縣（市）（局）主管建築機關應會同**消防主管機關**檢查其消防設備，合格後方得發給使用執照。
申請變更使用執照 【建築法 #73】	建築物非經領得使用執照，不准接水、接電及使用。但直轄市、縣（市）政府認有下列各款情事之一者，得另定建築物接用水、電相關規定： 一、偏遠地區且非屬都市計畫地區之建築物。 二、因興辦公共設施所需而拆遷具整建需要且無礙都市計畫發展之建築物。 三、天然災害損壞需安置及修復之建築物。 四、其他有迫切民生需要之建築物。 建築物應依核定之使用類組使用，**其有變更使用類組或有第九條建造行為以外主要構造、防火區劃、防火避難設施、消防設備、停車空間及其他與原核定使用不合之變更者，應申請變更使用執照**。但建築物在一定規模以下之使用變更，不在此限。 前項一定規模以下之免辦理變更使用執照相關規定，由直轄市、縣（市）主管建築機關定之。 第二項建築物之使用類組、變更使用之條件及程序等事項之辦法，由中央主管建築機關定之。
非供公眾使用建築物變更為供公眾使用 【建築法 #76】	**非供公眾使用建築物變更為供公眾使用**，或原供公眾使用建築物變更為他種公眾使用時，直轄市、縣（市）（局）主管建築機關應檢查其構造、設備及室內裝修。其有關消防安全設備部分**應會同消防主管機關檢查**。

題庫練習：

（C）1. 依建築法規定，有關建築使用管理，下列敘述何者錯誤？ 【簡單】
   (A) 建築物應依核定之使用類組使用，如有變更使用類組應申請變更使用用
   (B) 直轄市、縣（市）（局）主管建築機關接獲申請使用執照，應自接到申請之日起，10日內派員查驗完竣
   (C) 法定停車空間之變更，免申請變更使用執照
   (D) 非供公眾使用建築物變更為供公眾使用，或原供公眾使用建築物變更為他種公眾使用時，直轄市、縣（市）（局）主管建築機關應檢查其構造、設備及室內裝修

（B）2. 原供公務機關辦公使用之建築物，擬依法變更為供公眾使用之多功能社區中心，在辦理室內裝修許可時應同時辦理： 【非常簡單】
   (A) 變更建造執照　　　　　　　(B) 變更使用執照
   (C) 辦理雜項執照　　　　　　　(D) 辦理室內裝修特別許可證

十九、建築法第97-2條與違章建築處理辦法第5條

關鍵字與法條	條文內容
違章建築處理 【建築法 #97-2】 【違章建築處理 辦法 #5】	直轄市、縣（市）主管建築機關，應於接到違章建築查報人員報告之日起**五日內**實施勘查，認定必須拆除者，應即拆除之。認定尚未構成拆除要件者，通知**違建人於收到通知後三十日內**，依建築法第三十條之規定**補行申請執照**。違建人之申請執照不合規定或逾期未補辦申領執照手續者，直轄市、縣（市）主管建築機關應拆除之。

題庫練習：

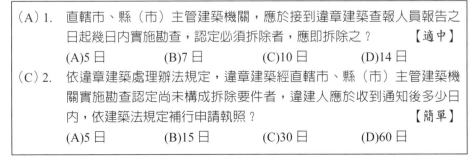

（A）1. 直轄市、縣（市）主管建築機關，應於接到違章建築查報人員報告之日起幾日內實施勘查，認定必須拆除者，應即拆除之？ 【適中】
   (A)5日　　　　　(B)7日　　　　　(C)10日　　　　　(D)14日

（C）2. 依違章建築處理辦法規定，違章建築經直轄市、縣（市）主管建築機關實施勘查認定尚未構成拆除要件者，違建人應於收到通知後多少日內，依建築法規定補行申請執照？ 【簡單】
   (A)5日　　　　　(B)15日　　　　　(C)30日　　　　　(D)60日

二十、建築法第 8 條

關鍵字與法條	條文內容
建築法立法意旨 / 宗旨【建築法 #8】	本法所稱建築物之主要構造，為**基礎、主要樑柱、承重牆壁、樓地板及屋頂**之構造。

題庫練習：

（D）	依據建築法之規定，下列何者非屬於建築物之主要構造？　【非常簡單】 (A) 主要樑柱　　　(B) 承重牆壁　　　(C) 屋頂　　　(D) 分間牆

二十一、建築法第 10 條

關鍵字與法條	條文內容
建築物設備【建築法 #10】	本法所稱**建築物設備**，為敷設於建築物之電力、電信、煤氣、給水、污水、排水、空氣調節、昇降、消防、**消雷、防空避難、污物處理**及保護民眾隱私權等設備。

題庫練習：

（D）	建築法所稱之建築物設備，不包含下列哪一項？　　　【適中】 (A) 消雷　　　(B) 防空避難　　　(C) 污物處理　　　(D) 煙囪

二十二、臺灣省建築管理規則第 11 條

關鍵字與法條	條文內容
土地權利證明文件【臺灣省建築管理規則 #11】	一、土地權利證明文件： 　　（一）土地登記簿謄本。 　　（二）地籍圖謄本。 　　（三）土地使用同意書（限土地非自有者）。

題庫練習：

（C）	須向地政事務所申請之土地相關權利證明文件不包含下列何者？【適中】
	(A) 土地登記（簿）謄本　　　　　(B) 地籍圖謄本
	(C) 地籍套繪圖　　　　　　　　　(D) 土地複丈成果圖

二十三、建築法第 31 條

關鍵字與法條	條文內容
申請書須有哪些人簽名用印？【建築法 #31】	建造執照或雜項執照申請書，應載明下列事項： 一、**起造人**之姓名、年齡、住址。起造人為法人者，其名稱及事務所。 二、**設計人**之姓名、住址、所領證書字號及**簽章**。 三、建築地址。 四、基地面積、建築面積、基地面積與建築面積之百分比。 五、建築物用途。 六、工程概算。 七、建築期限。

題庫練習：

（B）	建造執照申請書須有哪些人簽名用印？①起造人②設計人③監造人④承造人　　　　　　　　　　　　　　　　　　　　　　　　　　【非常簡單】
	(A) ③④　　　　(B) ①②　　　　(C) ①③　　　　(D) ②③

二十四、建築法第 37 條

關鍵字與法條	條文內容
法定業務章則： 業務內容、酬金標準及責任、義務【建築法 #37】	建築師公會應訂立建築師業務章則，載明**業務內容、受取酬金標準及應盡之責任、義務**等事項。 前項業務章則，應經會員大會通過，在直轄市者，報請所在地主管建築機關，核轉內政部核定；在省者，報請內政部核定。

題庫練習：

（B）	依建築師法第 37 條之規定，建築師公會應訂立建築師業務章則，經會員大會通過應報請內政部核定。下列何者並不包括在法定業務章則內？　　　　　　　　　　　　　　　　　　　　　　　　　　　　　　　【適中】 (A) 建築師收取酬金標準　　　　　(B) 建築師委任標準契約 (C) 建築師執業業務內容　　　　　(D) 建築師應盡之責任及義務

二十五、建築法第 39 條

關鍵字與法條	條文內容
竣工圖面一次報驗 【建築法 #39】	起造人應依照核定工程圖樣及說明書施工；如於興工前或施工中變更設計時，仍應依照本法申請辦理。**但不變更主要構造或位置，不增加高度或面積，不變更建築物設備內容或位置者，得於竣工後，備具竣工平面、立面圖，一次報驗。**

題庫練習：

（C）	依建築法第 39 條之規定，起造人未依建築物核定工程圖樣施工，下列何者得於竣工後備具竣工圖面一次報驗？　　　　　　　　　　　【簡單】 (A) 變更建築物高度或面積　　　　(B) 變更樑柱或樓板構造 (C) 變更外牆開窗尺寸或位置　　　(D) 變更設備內容或位置

二十六、建築法第 48 條

關鍵字與法條	條文內容
建築線 【建築法 #48】	**直轄市、縣（市）（局）主管建築機關，應指定已經公告道路之境界線為建築線。但都市細部計畫規定須退縮建築時，從其規定。** 前項以外之現有巷道，直轄市、縣（市）（局）主管建築機關，認有必要時得另定**建築線**；其辦法於建築管理規則中定之。

題庫練習：

（D）	依建築法之規定，直轄市、縣（市）（局）主管建築機關，應指定已經公告道路之境界線為？　　　　　　　　　　　　　　　　　　　【非常簡單】 (A) 高度限制線　　(B) 鄰棟界線　　(C) 基樁界線　　(D) 建築線

二十七、建築法第 44、45 條

關鍵字與法條	條文內容
畸零地 【建築法 #44】	直轄市、縣（市）（局）政府應視當地實際情形，規定建築基地最小面積之寬度及深度；建築基地面積畸零狹小不合規定者，非與鄰接土地協議調整地形或合併使用，**達到規定最小面積之寬度及深度，不得建築。**
徵收之補償，土地以市價為準，建築物以重建價格為準 【建築法 #45】	前條基地所有權人與鄰接土地所有權人於不能達成協議時，得申請調處，直轄市、縣（市）（局）政府應於收到申請之日起一個月內予以調處；**調處不成時**，基地所有權人或鄰接土地所有權人得就規定最小面積之寬度及深度範圍內之土地按徵收補償金額預繳承買價款**申請該管地方政府徵收後辦理出售。徵收之補償，土地以市價為準，建築物以重建價格為準**，所有權人如有爭議，由標準地價評議委員會評定之。徵收土地之出售，不受土地法第二十五條程序限制。辦理出售時應予公告三十日，並通知申請人，經公告期滿無其他利害關係人聲明異議者，即出售予申請人，發給權利移轉證明書；如有異議，公開標售之。但原申請人有優先承購權。標售所得超過徵收補償者，其超過部分發給被徵收之原土地所有權人。 第一項範圍內之土地，屬於公有者，准照該宗土地或相鄰土地當期土地公告現值讓售鄰接土地所有權人。

題庫練習：

(C)	下列有關「畸零地」之敘述何者錯誤？　　　　　　　　　　　【適中】 (A) 未達規定最小面積之寬度及深度，不得建築 (B) 於不能與鄰地達成協議時，得申請調處。調處不成時，可申請該管地方政府徵收後辦理出售 (C) 徵收之補償，土地以當期公告現值為準，建築物以重建價格為準 (D) 畸零地係指面積狹小或地界曲折之基地

二十八、建築法第 51 條

關鍵字與法條	條文內容
得經直轄市、縣（市）（局）主管建築機關許可，突出建築線？ 【建築法 #51】	建築物不得突出於建築線之外，但紀念性建築物，以及在**公益上或短期內有需要且無礙交通之建築物**，經直轄市、縣（市）（局）主管建築機關許可其突出者，不在此限。

題庫練習：

（B）	依建築法規定，下列何者得經直轄市、縣（市）（局）主管建築機關許可，突出建築線？ 【適中】
	(A) 公有建築物 　　(B) 在公益上或短期內有需要且無礙交通之建築物
	(C) 無礙交通之陽台 　(D) 無礙交通之露臺

二十九、建築法第 53 條

關鍵字與法條	條文內容
建築期限之規定 【建築法 #53】	直轄市、縣（市）主管建築機關，於發給建造執照或雜項執照時，應依照建築期限基準之規定，核定其建築期限。 前項**建築期限**，以**開工之日起算**。承造人因故未能於建築期限內完工時，**得申請展期一年，並以一次為限**。未依規定申請展期，或已逾展期期限仍未完工者，其建造執照或雜項執照自規定得展期之期限屆滿之日起，失其效力。第一項建築期限基準，於建築管理規則中定之。

題庫練習：

（B）	依建築法之相關規定，有關建築期限之規定，下列何者錯誤？ 【適中】
	(A) 以開工之日起算 　　　　(B) 以執照核發之日起算
	(C) 得申請展期一次 　　　　(D) 展期期限為一年

三十、建築法第 66 條

關鍵字與法條	條文內容
建築圍籬設置界線之規定 【建築法 #66】	二層以上建築物施工時，其施工部分距離道路境界線或基地境界線不足**二公尺半**者，或五層以上建築物施工時，應設置防止物體墜落之適當圍籬。

題庫練習：

（C）	依建築法規定，二層以上建築物施工時，其施工部分距離道路境界線或基地境界線至少多少公尺以內者，應設置防止物體墜落之適當圍籬？ 【適中】
	(A)1.5 　　　(B)2.0 　　　(C)2.5 　　　(D)3.0

三十一、建築法第 77 條

關鍵字與法條	條文內容
應維護建築物合法使用與其構造及設備安全 【建築法 #77】	建築物所有權人、使用人應維護建築物合法使用與其構造及設備安全。 直轄市、縣（市）（局）主管建築機關對於建築物得隨時派員檢查其有關公共安全與公共衛生之構造與設備。 供公眾使用之建築物，**應由建築物所有權人、使用人**定期委託中央主管建築機關認可之專業機構或人員檢查簽證，其檢查簽證結果應向當地主管建築機關申報。非供公眾使用之建築物，經內政部認有必要時亦同。 前項檢查簽證結果，主管建築機關得隨時派員或定期會同各有關機關複查。 第三項之檢查簽證事項、檢查期間、申報方式及施行日期，由內政部定之。

題庫練習：

（A）	依建築法規定，下列何者應維護建築物合法使用與其構造及設備安全？

【適中】

(A) 建築物所有權人、使用人　　(B) 建築物使用人、起造人
(C) 建築物起造人、監造人　　　(D) 建築物監造人、所有權人

三十二、建築法第 78、16 條

關鍵字與法條	條文內容
免申請拆除執照之敘述 【建築法 #78】	建築物之拆除應先請領拆除執照。但下列各款之建築物，無第八十三條規定情形者不在此限： 一、第十六條規定之建築物及雜項工作物。 二、因實施都市計畫或拓闢道路等經主管建築機關通知限期拆除之建築物。 三、**傾頹或朽壞有危險之虞必須立即拆除之建築物。** 四、違反本法或基於本法所發布之命令規定，經主管建築機關通知限期拆除或由**主管建築機關強制拆除之建築物。**
免申請拆除執照之敘述 【建築法 #16】	**建築物及雜項工作物造價在一定金額以下或規模在一定標準以下者，得免由建築師設計，或監造或營造業承造。** 前項造價金額或規模標準，由直轄市、縣（市）政府於建築管理規則中定之。

題庫練習：

（A）	有關免申請拆除執照之敘述，下列何者錯誤？	【簡單】

    (A) 為私有產權且有相關證明文件者

    (B) 造價一定金額以下或規模在一定標準以下建築物及雜項工作物

    (C) 傾頹或朽壞有危險之虞必須立即拆除之建築物

    (D) 主管建築機關通知限期拆除或強制拆除之建築物

三十三、建築法第 91-1 條

關鍵字與法條	條文內容
簽證內容不實者多少之罰鍰？ 【建築法 #91-1】	有左列情形之一者，處建築師、專業技師、專業機構或人員、專業技術人員、檢查員或實施機械遊樂設施安全檢查人員**新臺幣六萬元以上三十萬元以下罰鍰**： 一、辦理第七十七條第三項之**檢查簽證內容不實者**。 二、允許他人假借其名義辦理第七十七條第三項檢查簽證業務或假借他人名義辦理該檢查簽證業務者。 三、違反第七十七條之四第六項第一款或第七十七條之四第八項第一款規定，將登記證或檢查員證提供他人使用或使用他人之登記證或檢查員證執業者。 四、違反第七十七條之三第二項第三款規定，安全檢查報告內容不實者。

題庫練習：

（B）	依建築法規定，建築師辦理建築物公共安全檢查，簽證內容不實者，處新臺幣多少之罰鍰？	【簡單】

    (A) 6 萬元以上 20 萬元以下   (B) 6 萬元以上 30 萬元以下

    (C) 5 萬元以上 20 萬元以下   (D) 5 萬元以上 30 萬元以下

三十四、建築法第 95 條

關鍵字與法條	條文內容
強制拆除之建築物罰則？ 【建築法 #95】	依本法規定強制拆除之建築物，違反規定重建者，**處一年以下有期徒刑、拘役或科或併科新臺幣三十萬元以下罰金。**

題庫練習：

（B）	依建築法規定強制拆除之建築物，違反規定重建者，應受下列哪一項罰則？　　　　　　　　　　　　　　　　　　　　　　　　　　【適中】
	(A) 處新臺幣 6 萬以上 30 萬元以下罰鍰
	(B) 處 1 年以下有期徒刑、拘役或科或併科新臺幣 30 萬元以下罰金
	(C) 處 1 年半有期徒刑
	(D) 處 1 年以上 2 年以下有期徒刑、拘役或科或併科新臺幣 30 萬元以下罰金

三十五、建築法第 98、99 條

關鍵字與法條	條文內容
機關之許可？ 【建築法 #98】	特種建築物得經**行政院**之許可，不適用本法全部或一部之規定。
機關之許可？ 【建築法 #99】	下列各款經直轄市、縣（市）**主管建築機關許可者**，得不適用本法全部或一部之規定： 一、紀念性之建築物。 二、地面下之建築物。 三、臨時性之建築物。 四、海港、碼頭、鐵路車站、航空站等範圍內之雜項工作物。 五、興闢公共設施，在拆除剩餘建築基地內依規定期限改建或增建之建築物。 六、其他類似前五款之建築物或雜項工作物。 前項建築物之許可程序、施工及使用等事項之管理，得於建築管理規則中定之。

題庫練習：

（B）	依建築法規定，下列敘述何者正確？　　　　　　　　　　　　　【適中】
	(A) 特種建築物得經直轄市、縣（市）主管建築機關之許可，不適用本法全部或一部之規定
	(B) 實施都市計畫以外地區或偏遠地區建築物之管理得以簡化，不適用本法全部或一部之規定
	(C) 紀念性之建築物得經行政院之許可，不適用本法全部或一部之規定
	(D) 海港、碼頭、鐵路車站、航空站等範圍內之雜項工作物，經中央目的事業主管機關之許可，不適用本法全部或一部之規定

三十六、建築法第 103 條

關鍵字與法條	條文內容
建築爭議事件評審委員會 【建築法 #103】	直轄市、縣（市）（局）主管建築機關為處理有關建築爭議事件，得聘請資深之營建專家及建築師，並指定都市計劃及建築管理主管人員，組設建築爭議事件評審委員會。前項評審委員會之組織，由內政部定之。

題庫練習：

（D）	建築法條文中，有諸多因考量因地制宜效果而授權地方政府自行訂定法規之制度設計。下列何者非屬前述授權內容？　　　　【適中】 (A) 商同有關機關劃定並公布易受海嘯侵襲範圍及其禁建規定 (B) 現有巷道指定建築線相關規定 (C) 建築法施行前，供公眾使用建築物未領有使用執照者之使用執照核發事宜 (D) 建築爭議事件評審委員會之組織規定

貳 建築師法

一、建築師法第 18 條

關鍵字與法條	條文內容
建築師受委託辦理建築物監造 施工期間之職責 【建築師法 #18】	建築師受委託辦理建築物監造時，應遵守下列各款之規定： 一、**監督營造業依照前條設計之圖說施工。** 二、遵守建築法令所規定監造人應辦事項。 三、**查核建築材料之規格及品質。** 四、其他約定之監造事項。

題庫練習：

（A）1. 下列何者非建築師法明定建築師受委託辦理建築物監造時，應遵守之規定？　　　　　　　　　　　　　　　　　　　　　【非常簡單】
(A) 監督營造業施工安全及指導施工技術
(B) 監督營造業依照建築師設計之圖說施工
(C) 查核建築材料之規格及品質
(D) 遵守建築法令所規定監造人應辦事項

（C）2. 依建築師法規定，建築師於施工期間之職責不包括下列何者？【簡單】
(A) 辦理變更設計　　　　　　　(B) 查核建築材料之規格及品質
(C) 指導承包商施工方法　　　　(D) 監督營造業依照設計之圖說施工

（D）3. 下列何者不屬於建築師法明定建築師受委託辦理建築物監造時，所應辦理之事項或應遵守之規定？　　　　　　　　　　　　【非常簡單】
(A) 監督營造業依照設計之圖說施工
(B) 遵守建築法令所規定監造人應辦事項
(C) 查核建築材料之規格及品質
(D) 指導施工技術

（D）4. 依建築師法第 18 條之規定，建築師受委託辦理建築物監造時，應遵守相關規定，下列何者並非其應監造事項？　　　　　　　【適中】
(A) 監督營造業依圖說施工　　　(B) 查核建築材料之規格
(C) 查核建築材料之品質　　　　(D) 查核建築材料之數量

二、建築師法第 24 ～ 27 條

關鍵字與法條	條文內容
撤照處分 【建築師法 #24】	建築師對於公共安全、社會福利及預防災害等有關建築事項，經主管機關之指定，應襄助辦理。
建築師 不得兼任或兼營 【建築師法 #25】	建築師不得兼任或兼營下列職業： 一、依公務人員任用法任用之公務人員。 二、營造業、營造業之主任技師或技師，或為營造業承攬工程之保證人。 三、建築材料商。
撤照處分 【建築師法 #26】	建築師不得允諾他人假借其名義執行業務。
撤照處分 【建築師法 #27】	建築師對於因業務知悉他人之秘密，不得洩漏。

題庫練習：

（C）1. 依建築師法之規定，建築師得兼任或兼營下列何種職業？　【簡單】
　　　　(A) 依公務人員任用法任用之公務人員　　　　(B) 營造業
　　　　(C) 成立室內裝修公司　　　　(D) 建築材料商

（B）2. 依建築師法規定，下列敘述何者錯誤？　【簡單】
　　　　(A) 建築師開業證書有效期間為 6 年
　　　　(B) 依公務人員任用法任用之公務人員得兼任開業建築師
　　　　(C) 建築師不得兼營營造業
　　　　(D) 5 層以下非供公眾使用建築物之結構與設備等專業工程部分，建築師得自行負責辦理

（A）3. 建築師法第 46 條有關建築師違反建築師法之規定，下列何者為唯一撤照處分？　【簡單】
　　　　(A) 允諾他人假借其名義執行業務
　　　　(B) 洩漏因執行業務而知悉他人之秘密
　　　　(C) 擔任營造業之負責人或主任技師或技師
　　　　(D) 拒絕襄助辦理主管機關指定之災害有關事項

（C）4. 依建築師法第 25 條之規定，建築師不得兼任或兼營某些職業，惟下列何者為建築師法所允許？　【簡單】
　　　　(A) 營造業承攬工程之保證人
　　　　(B) 建築材料商

(C) 工程技術顧問公司董事長

(D) 依公務人員任用法任用之公務人員

三、建築師法第 4、45 條

關鍵字與法條	條文內容
撤銷或廢止其建築師證書 【建築師法 #4】	有下列情形之一者，不得充任建築師；已充任建築師者，由中央主管機關**撤銷或廢止其建築師證書**： 一、**受監護或輔助宣告，尚未撤銷。** 二、**罹患精神疾病或身心狀況違常，經中央主管機關委請二位以上相關專科醫師諮詢，並經中央主管機關認定不能執行業務。** 三、**受破產宣告，尚未復權。** 四、**因業務上有關之犯罪行為，受一年有期徒刑以上刑之判決確定，而未受緩刑之宣告。** 五、**受廢止開業證書之懲戒處分。** 前項第一款至第三款原因消滅後，仍得依本法之規定，請領建築師證書。
1. 受申誡 3 次者即應另受停止執行業務處分 **2. 受停業處分累計滿 5 年者即應受廢止開業證書處分** 【建築師法 #45】	建築師之懲戒處分如下： 一、警告。二、申誡。三、停止執行業務二月以上二年以下。 四、撤銷或廢止開業證書。 建築師**受申誡處分三次以上者，應另受停止執行業務時限之處分**；受停止 執行業務處分累計**滿五年者，應廢止其開業證書。**

題庫練習：

（B）1. 已任建築師者，遇下列何種情形，非屬中央主管機關應撤銷或廢止其建築師證書？　　　　　　　　　　　　　　　　　　　　　　　　【適中】

(A) 受破產宣告，尚未復權

(B) 犯強盜案受 1 年有期徒刑以上刑之判決確定

(C) 受廢止開業證書之懲戒處分

(D) 受監護或輔助宣告，尚未撤銷

（D）2. 依建築師法之規定，下列不得充任建築師的原因消滅後，仍不得依建築師法之規定，請領建築師證書？　　　　　　　　　　　　　　　　【適中】

(A) 受監護或輔助宣告，尚未撤銷

　　　　(B) 罹患精神疾病或身心狀況違常，經中央主管機關委請 2 位以上相關
　　　　　　專科醫師諮詢，並經中央主管機關認定不能執行業務
　　　　(C) 受破產宣告，尚未復權
　　　　(D) 受廢止開業證書之懲戒處分
（D）3.　依建築師法第 4 及 45 條之規定，下列有關建築師懲戒之敘述，何者錯
　　　　誤？　　　　　　　　　　　　　　　　　　　　　　　　　　　【困難】
　　　　(A) 受撤銷開業證書處分者之建築師證書亦應予以撤銷
　　　　(B) 受停業處分累計滿 5 年者即應受廢止開業證書處分
　　　　(C) 受申誡 3 次者即應另受停止執行業務處分
　　　　(D) 受警告 3 次者即應另受申誡處分

四、建築師法第 7 ～ 9-1 條

關鍵字與法條	條文內容
申請發給開業證書 【建築師法 #7】	領有建築師證書，**具有二年以上建築工程經驗者，得申請發給開業證書。**
向所在縣（市）主管機關申請 【建築師法 #8】	建築師申請發給開業證書，應備具申請書載明下列事項，並檢附建築師證書及經歷證明文件，**向所在縣（市）主管機關申請**審查登記後發給之；其在直轄市者，由工務局為之： 一、事務所名稱及地址。 二、建築師姓名、性別、年齡、照片、住址及證書字號。
開業證書有效期 申請換發開業證書之程序 【建築師法 #9-1】	**開業證書有效期間為六年**，領有開業證書之建築師，應於開業證書有效期間屆滿日之三個月前，檢具原領開業證書及內政部認可機構、**團體出具之研習證明文件**，向所在直轄市、縣（市）主管機關申請換發開業證書。 前項**申請換發開業證書之程序、應檢附文件、收取規費及其他應遵行事項之辦法，由內政部定之。** 第一項機構、團體出具研習證明文件之認可條件、程序及其他應遵行事項之辦法，由內政部定之。 前三項規定施行前，已依本法規定核發之開業證書，其有效期間自前二項辦法施行之日起算六年；其申請換發，依第一項規定辦理。

題庫練習：

（B）1. 依建築師法之規定，領有建築師證書者，應至少具有幾年建築工程經驗，始得申請開業證書？　　　　　　　　　　　　　【簡單】
   (A) 1 年　　　　　(B) 2 年　　　　　(C) 3 年　　　　　(D) 4 年

（C）2. 建築師法有關開業規定之敘述，何者為錯誤？　　　　　　　　【困難】
   (A) 領有建築師證書，具有 2 年以上建築工程經驗者，得申請發給開業證書
   (B) 開業證書有效期間為 6 年
   (C) 建築師申請發給開業證書，應備具申請書載明事項，並檢附建築師證書及經歷證明文件，向內政部提出申請
   (D) 申請換發開業證書之程序、應檢附文件、收取規費及其他應遵行事項之辦法，由內政部定之

（B）3. 依建築師法規定，下列敘述何者錯誤？　　　　　　　　　　　【簡單】
   (A) 建築師開業證書有效期間 6 年
   (B) 依公務人員任用法任用之公務人員得兼任開業建築師
   (C) 建築師不得兼營營造業
   (D) 5 層以下非供公眾使用建築物之結構與設備等專業工程部分，建築師得自行負責辦理

（D）4. 依建築師法之規定，開業證書有效期間幾年？　　　　　　　　【簡單】
   (A)3 年　　　　　(B)4 年　　　　　(C)5 年　　　　　(D)6 年

（C）5. 有關建築師開業之敘述，下列何者錯誤？　　　　　　　　　　【簡單】
   (A) 建築師開業，應設立建築師事務所執行業務，或由二個以上建築師組織聯合建築師事務所共同執行業務
   (B) 外國人得依中華民國法律應建築師考試，考試及格領有建築師證書之外國人並得申請開業
   (C) 建築師開業證書之換發不受建築師研習再教育因素之限制
   (D) 建築師受委託辦理業務，其工作範圍及應收酬金，應與委託人於事前訂立書面契約，共同遵守

五、建築師法第 16、19 條

關鍵字與法條	條文內容
監造工作【建築師法#16】	建築師受委託人之委託，辦理建築物及其**實質環境之調查**、**測量**、設計、**監造**、**估價**、檢查、鑑定等各項業務，並得代委託人辦理申請建築許可、招商投標、擬定施工契約及其他工程上之接洽事項。

關鍵字與法條	條文內容
建築師並 負連帶責任 【建築師法#19】	建築師受委託辦理建築物之設計，應負該工程設計之責任；其受委託監造者，應負監督該工程施工之責任，**但有關建築物結構與設備等專業工程部分，除五層以下非供公眾使用之建築物外，應由承辦建築師交由依法登記開業之專業技師負責辦理**，建築師並負連帶責任。當地無專業技師者，不在此限。

題庫練習：

（C）1. 建築物專案管理（PCM）包含監造時，該監造工作應由下列何者執行？

【適中】

(A) 品管技師　(B) 專案管理技師　(C) 建築師　(D) 專任工程人員

（D）2. 某聯合建築師事務所由建築師甲簽訂公共工程設計監造契約，並負責實際執行工作，但法定設計人與監造人則由建築師乙簽證。法定履約者為下列何者？

【適中】

(A) 甲建築師　　　　　　　(B) 乙建築師
(C) 甲乙兩建築師　　　　　(D) 聯合建築師事務所

（D）3. 下列何者不是建築師得接受委託範圍？

【適中】

(A) 實質環境之調查　(B) 估價　(C) 測量　(D) 鑽探簽證

（C）4. 依建築法第 13 條規定，建築師受託辦理一棟 12 層商業大樓的設計業務時，應交由專業工業技師負責辦理且建築師負連帶責任的項目，不包括下列何種項目？

【適中】

(A) 地質構造分析　　　　　(B) 用電負載統計及電流計算
(C) 給水系統設計　　　　　(D) 空調風管工程計算

（B）5. 依建築師法規定，下列敘述何者錯誤？

【簡單】

(A) 建築師開業證書有效期間為 6 年
(B) 依公務人員任用法任用之公務人員得兼任開業建築師
(C) 建築師不得兼營營造業
(D) 5 層以下非供公眾使用建築物之結構與設備等專業工程部分，建築師得自行負責辦理

六、建築師法第 46、45、4、26 條

關鍵字與法條	條文內容
應予撤銷或廢止開業證書 【建築師法 #46】	建築師違反本法者，依下列規定懲戒之： 一、違反第十一條至第十三條或第五十四條第三項規定情事之一者，應予警告或申誡。 二、違反第六條、第二十四條或第二十七條規定情事之一者，應予申誡或停止執行業務。 三、違反第二十五條之規定者，應予停止執行業務，其不遵從而繼續執業者，**應予廢止開業證書**。 四、違反第十七條或第十八條規定情事之一者，應予警告、申誡或停止執行業務或**廢止開業證書**。 五、違反**第四條或第二十六條**之規定者，**應予撤銷或廢止開業證書**。
懲戒處分 【建築師法 #45】	建築師之懲戒處分如下： 一、警告。 二、申誡。 三、停止執行業務二月以上二年以下。 四、撤銷或廢止開業證書。 建築師受申誡處分 **3** 次以上者，**應另受停止執行業務時限之處分**；受停止執行業務處分累計**滿五年者，應廢止其開業證書**。
不得充任建築師 【建築師法 #4】	**【不得充任建築師】★★★** 有下列情形之一者，不得充任建築師；已充任建築師者，由中央主管機關撤銷或廢止其建築師證書： 一、**受監護或輔助宣告，尚未撤銷。** 二、罹患精神疾病或身心狀況違常，經中央主管機關委請二位以上相關專科醫師諮詢，並經中央主管機關認定不能執行業務。 三、**受破產宣告，尚未復權。** 四、因業務上有關之犯罪行為，受一年有期徒刑以上刑之判決確定，而未受緩刑之宣告。 五、受廢止開業證書之懲戒處分。 前項第一款至第三款原因消滅後，仍得依本法之規定，請領建築師證書。
不得允若他人假借名義執行業務 【建築師法 #26】	建築師不得允許他人假借其名義執行業務。（**違反者：應予撤銷或廢止開業證書。**）

題庫練習：

> （B）1. 有關違反建築師法懲戒最重可撤銷或廢止開業證書者之敘述，下列何者錯誤？　　　　　　　　　　　　　　　　　　　　　　　【適中】
> 　　　　(A) 允諾他人假借其名義執行業務
> 　　　　(B) 洩漏因業務知悉他人之秘密
> 　　　　(C) 受破產宣告，尚未復權
> 　　　　(D) 受停止執行業務處分累計滿 5 年
> （B）2. 依建築師法之規定，建築師受申誡處分幾次以上，應另受停止執行業務時限之處分？　　　　　　　　　　　　　　　　　　　　【簡單】
> 　　　　(A)2 次　　　　(B)3 次　　　　(C)4 次　　　　(D)5 次

七、建築師法第 50 條

關鍵字與法條	條文內容
負責執行建築師懲戒事宜？ 【建築師法 #50】	建築師有第四十六條各款情事之一時，利害關係人、直轄市、縣（市）主管機關或建築師公會得列舉事實，提出證據，報請或由**直轄市、縣（市）主管機關交付懲戒。**

題庫練習：

> （C）1. 依建築師法第 50 條之規定，下列何者負責執行建築師懲戒事宜？
> 　　　　　　　　　　　　　　　　　　　　　　　　　　　　　【適中】
> 　　　　(A) 公共工程委員會
> 　　　　(B) 內政部營建署
> 　　　　(C) 直轄市、縣（市）主管機關
> 　　　　(D) 各個建築師公會
> （D）2. 依建築師法第 50 條之規定，下列有關懲戒建築師之敘述，何者正確？
> 　　　　　　　　　　　　　　　　　　　　　　　　　　　　　【適中】
> 　　　　(A) 中央主管建築機關不論是否為利害關係人，均有權報請交付懲戒
> 　　　　(B) 直轄市及縣（市）主管機關若非利害關係人，則無權報請交付懲戒
> 　　　　(C) 建築師公會若非利害關係人，則無權報請交付懲戒
> 　　　　(D) 任何利害關係人均得提出證據，報請交付懲戒

八、建築師法第 3、29、30、33 條

關鍵字與法條	條文內容
建築師公會之 相關規定 【建築師法 #3】 【建築師法 #29】 【建築師法 #30】 【建築師法 #33】	【建築師法 #3】 本法所稱主管機關：在**中央為內政部**；在直轄市為直轄市政府；在縣（市）為縣（市）政府。 【建築師法 #29】 建築師公會於直轄市、縣（市）組設之，並設**全國建築師公會於中央政府所在地。但報經中央主管機關核准者，得設於其他地區。** 【建築師法 #30】 直轄市、縣（市）有登記開業之**建築師達九人以上者，得組織建築師公會**；其不足九人者，得加入鄰近直轄市、縣（市）之建築師公會或共同組織之。同一或共同組織之行政區域內，其組織同級公會，以一個為限。 【建築師法 #33】 建築師公會設理事、監事，由會員大會選舉之；其名額如下： 一、建築師公會之理事不得逾二十五人；監事不得逾七人。 二、全國建築師公會之理事不得逾三十五人；監事不得逾十一人。 三、候補理、監事不得超過理、監事名額二分之一。 前項**理事、監事之任期為三年，連選得連任一次。**

題庫練習：

（A）	有關建築師法對於建築師公會之相關規定，下列敘述何者錯誤？【簡單】 (A) 建築師公會之主管機關，在中央為經濟部，在地方為直轄市、縣（市）政府 (B) 直轄市、縣（市）有登記開業之建築師達 9 人以上者，得組織建築師公會 (C) 建築師公會於直轄市、縣（市）組設之，並設全國建築師公會於中央政府所在地。但報經中央主管機關核准者，得設於其他地區 (D) 建築師公會設理事、監事，由會員大會選舉之；理事、監事之任期為 3 年，連選得連任一次

九、建築師法第 22、47、48 條

關鍵字與法條	條文內容
建築師受委託辦理業務，應遵守相關規定 【建築師法 #22】	建築師受委託辦理業務，其**工作範圍及應收酬金，應與委託人於事前訂立書面契約**，共同遵守。
建築師懲戒之敘述 【建築師法 #47】 【建築師法 #48】	【建築師法 #47】 直轄市、縣（市）主管機關對於建築師懲戒事項，應設置建築師懲戒委員會處理之。建築師懲戒委員會應將交付懲戒事項，通知被付懲戒之建築師，並限於二十日內提出答辯或到會陳述；如不遵限提出答辯或到會陳述時，得逕行決定。 【建築師法 #48】 被懲戒人對於建築師懲戒委員會之決定，有不服者，得於通知送達之翌日起二十日內，向內政部建築師懲戒覆審委員會申請覆審。

題庫練習：

（B）1. 依建築師法第 22 條之規定，建築師受委託辦理業務，應遵守相關規定，下列何者正確？　　　　　　　　　　　　　　　　　　　【非常簡單】
　　　 (A) 應與委託人於事前約定工作酬金及工作範圍後方可進行服務，事後補訂書面契約
　　　 (B) 應與委託人於事前約定工作酬金及工作範圍並訂定書面契約後，方可進行服務
　　　 (C) 應與委託人於事前約定工作酬金後方可進行服務，並事後補訂書面契約確認工作範圍
　　　 (D) 應與委託人於事前約定工作範圍後方可進行服務，並於事後確認工作酬金

（C）2. 依建築師法第 47 及 48 條之規定，下列有關建築師懲戒之敘述何者錯誤？　　　　　　　　　　　　　　　　　　　　　　　　　　【簡單】
　　　 (A) 中央主管機關內政部依法須設置建築師懲戒覆審委員會
　　　 (B) 直轄市及縣（市）主管機關依法須設置建築師懲戒委員會
　　　 (C) 建築師懲戒委員會依法不應通知被付懲戒建築師交付懲戒事項
　　　 (D) 被付懲戒建築師若於時限內提出答辯，委員會即不得逕行決定

十、省(市)建築師公會建築師業務章則第5、7條

關鍵字與法條	條文內容
行政規費及執照費由委託人負擔 【章則#5】 【章則#7】	【章則#5】 詳細設計事項規定如左： 建築師應依據勘測規劃圖說辦理下列詳細設計圖樣： （一）配置及屋外設施設計圖。 （二）平面圖、立面圖、剖面圖、一般設計。 （三）**結構計算書**及結構設計圖。 （四）**給排水**、空氣調節、**電氣**、瓦斯等建築設備。 （五）裝修表。 其設計內容應能使營造業及其他設備廠商得以正確估價，按照施工。 二、編訂預算及工程說明書。 【章則#7】 建築師受委託人之委託得代辦申請建築執照。一切行政規費及執照費均由委託人負擔。

題庫練習：

（D）1.　下列何者不是建築師詳細設計之項目？ 　　　(A) 結構計算　(B) 給排水　(C) 電氣　(D) 現場施作放樣圖	【簡單】
（B）2.　有關建築師執業之敘述，下列何者正確？ 　　　(A) 調查街道建築線不屬建築師業務 　　　(B) 行政規費及執照費由委託人負擔 　　　(C) 建築師監造時，發現設計有問題，可自行修正設計圖說 　　　(D) 設計人因施工不良，產生品質問題時，仍應負連帶責任	【適中】

參 建築技術規則（含總則編、建築設計施工編、建築構造編、建築設備編）

一、建築物用途分類之類別、組別定義

類別		類別定義	組別	組別定義
A 類	公共集會類	供集會、觀賞、社交、等候運輸工具，且無法防火區劃之場所。	A-1 集會表演	供集會、表演、社交，且具觀眾席及舞臺之場所。
			A-2 運輸場所	供旅客等候運輸工具之場所。
B 類	商業類	供商業交易、陳列展售、娛樂、餐飲、消費之場所。	B-1 娛樂場所	供娛樂消費，且處封閉或半封閉之場所。
			B-2 商場百貨	供商品批發、展售或商業交易，且使用人替換頻率高之場所。
			B-3 餐飲場所	供不特定人餐飲，且直接使用燃具之場所。
			B-4 旅館	供不特定人士休息住宿之場所。
C 類	工業、倉儲類	供儲存、包裝、製造、修理物品之場所。	C-1 特殊廠庫	供儲存、包裝、製造、修理工業物品，且具公害之場所。
			C-2 一般廠庫	供儲存、包裝、製造一般物品之場所。
D 類	休閒、文教類	供運動、休閒、參觀、閱覽、教學之場所。	D-1 健身休閒	供低密度使用人口運動休閒之場所。
			D-2 文教設施	供參觀、閱覽、會議，且無舞臺設備之場所。
			D-3 國小校舍	供國小學童教學使用之相關場所。（宿舍除外）
			D-4 校舍	供國中以上各級學校教學使用之相關場所。（宿舍除外）
			D-5 補教托育	供短期職業訓練、各類補習教育及課後輔導之場所。

類別		類別定義	組別	組別定義
E類	宗教、殯葬類	供宗教信徒聚會殯葬之場所。	E 宗教、殯葬類	供宗教信徒聚會、殯葬之場所。
F類	衛生、福利、更生類	供身體行動能力受到健康、年紀或其他因素影響，需特別照顧之使用場所。	F-1 醫療照護	供醫療照護之場所。
			F-2 社會福利	供身心障礙者教養、醫療、復健、重健、訓練（庇護）、輔導、服務之場所。
			F-3 兒童福利	供學齡前兒童照護之場所。
			F-4 戒護場所	供限制個人活動之戒護場所。
G類	辦公、服務類	供商談、接洽、處理一般事務或一般門診、零售、日常服務之場所。	G-1 金融證券	供商談、接洽、處理一般事務，且使用人替換頻率高之場所。
			G-2 辦公場所	供商談、接洽、處理一般事務之場所。
			G-3 店舖診所	供一般門診、零售、日常服務之場所。
H類	住宿類	供特定人住宿之場所。	H-1 宿舍安養	供特定人短期住宿之場所。
			H-2 住宅	供特定人長期住宿之場所。
I類	危險物品類	供製造、分裝、販賣、儲存公共危險物品及可燃性高壓氣體之場所。	I 危險廠庫	供製造、分裝、販賣、儲存公共危險物品及可燃性高壓氣體之場所。

二、建築技術規則第 161、162 條

關鍵字與法條	條文內容
1. 容積率 2. 法定騎樓面積 【建築技術規則#161】	本規則所稱容積率，指基地內建築物之容積總樓地板面積與基地面積之比。基地面積之計算包括法定騎樓面積。 前項所稱容積總樓地板面積，指建築物除依本編第五十五條、第一百六十二條、第一百八十一條、第三百條及其他法令規定，不計入樓地板面積部分外，其餘各層樓地板面積之總和。

重點整理：

1. 容積率，指基地內建築物之容積總樓地板面積與基地面積之比。

2. 基地面積之計算包括法定騎樓面積。

關鍵字與法條	條文內容
1. 得不計入容積總樓地板面積。 2. 應計入該層樓地板面積。 3. 應計入容積總樓地板面積。 【建築技術規則#162】	前條容積總樓地板面積依本編第一條第五款、第七款及下列規定計算之： 一、**每層陽臺、屋簷突出建築物外牆中心線或柱中心線超過二公尺或雨遮、花臺突出超過一公尺者**，應自其外緣分別扣除二公尺或一公尺作為中心線，計算該層樓地板面積。每層陽臺面積未超過該層樓地板面積之百分之十部分，得不計入該層樓地板面積。每層共同使用之樓梯間、昇降機間之梯廳，其淨深度不得小於二公尺；**其梯廳面積未超過該層樓地板面積百分之十部分**，得不計入該層樓地板面積。但**每層陽臺面積與梯廳面積之和超過該層樓地板面積之百分之十五部分者**，應計入該層樓地板面積；無共同使用梯廳之住宅用途使用者，每層陽臺面積之和，在該層樓地板面積百分之十二點五或未超過八平方公尺部分，得不計入容積總樓地板面積。 二、**二分之一以上透空之遮陽板，其深度在二公尺以下者，或露臺或法定騎樓**或本編第一條第九款第一目屋頂突出物或依法設置之防空避難設備、裝卸、機電設備、**安全梯之梯間、緊急昇降機之機道**、特別安全梯與緊急昇降機之排煙室及依公寓大廈管理條例規定之**管理委員會使用空間**，得不計入容積總樓地板面積。但機電設備空間、安全梯之梯間、緊急昇降機之機道、特別安全梯與緊急昇降機之排煙室及管理委員會使用空間面積之和，除依規定僅須設置一座直通樓梯之建築物，不得超過都市計畫法規及非都市土地使用管制規則規定該基地容積之百分之十外，其餘不得超過該基地容積之百分之十五。 三、建築物依都市計畫法令或本編第五十九條規定設置之停車空間、獎勵增設停車空間及未設置獎勵增設停車空間之**自行增設停車空間**，得不計入該層樓地板面積。但面臨超過十二公尺道路之一棟一戶連棟建築物，除汽車車道外，其設置於地面層之停車空間，應計入容積總樓地板面積。 前項第二款之機電設備空間係指電氣、電信、燃氣、給水、排水、空氣調節、消防及污物處理等設備之空間。但設於公寓大廈專有部分或約定專用部分之機電設備空間，應計入容積總樓地板面積。

重點整理：

1. 得不計入容積總樓地板面積

   (1) 無共同使用梯廳之住宅用途使用者，每層陽臺面積之和，在該層樓地板面積 **12.5%** 或未超過八平方公尺部分。

   (2) 二分之一以上透空之遮陽板，其深度在二公尺以下者，或露臺或法定騎樓、安全梯之梯間、緊急昇降機之機道、管理委員會使用空間、所有法定停車空間。

   (3) 設置之停車空間、獎勵增設停車空間及未設置獎勵增設停車空間之自行增設停車空間。

2. 應計入該層樓地板面積

   (1) 每層陽臺、屋簷突出建築物外牆中心線或柱中心線超過二公尺或雨遮、花臺突出超過一公尺者，應自其外緣分別扣除二公尺或一公尺作為中心線。

   (2) 每層陽臺面積與梯廳面積之和超過該層樓地板面積之 **15%** 部分者。

3. 不計入該層樓地板面積

   (1) 每層陽臺面積未超過該層樓地板面積之 **10%** 部分。

   (2) 每層共同使用之樓梯間、昇降機間之梯廳，其淨深度不得小於二公尺。

   (3) 梯廳面積未超過該層樓地板面積百分之十部分。

4. 應計入容積總樓地板面積

   (1) 面臨超過十二公尺道路之一棟一戶連棟建築物，除汽車車道外，其設置於地面層之停車空間。

   (2) 設於公寓大廈專有部分或約定專用部分之機電設備空間。

題庫練習：

(C) 1. 依建築技術規則規定，有關容積率之敘述，下列何者錯誤？　【適中】

(A) 計算容積率之基地面積包括法定騎樓面積

(B) 容積率，指基地內建築物之容積總樓地板面積與基地面積之比

(C) 總樓地板面積之計算，每層陽臺、雨遮超過 2 公尺者，應自其外緣扣除 2 公尺作為中心線，計算該層樓地板面積

(D) 二分之一以上透空之遮陽板，其深度在 2 公尺以下者，得不計入容積總樓地板面積

正確解答：

每層陽臺、屋簷突出建築物外牆中心線或柱中心線超過二公尺或雨遮、花臺突出 超過一公尺 者，應自其外緣分別扣除二公尺或一公尺作為中心線。（口訣：陽簷 二 、雨花 一 ）

(C) 2. 某地上 12 層，地下 4 層之辦公大樓，其建築面積為 1000 平方公尺，地下各層之樓地板面積合計為 6000 平方公尺，其中地下一層為防空避難室兼停車空間，其餘地下各層為停車空間與不計入容積樓地板之機電空間。如本案於地下各層之汽車停車數量合計為 120 部，請試算地下層合計有多少平方公尺面積應計入容積樓地板面積？　【適中】

(A) 0 　　　　　(B) 100 　　　　　(C) 200 　　　　　(D) 1100

正確解答：

計算式：**6000 – 1000 – (120×40) = 200 平方公尺**

#141　五層以上者防空避難按建築面積全部附建

#60　每輛停車空間換算容積不得超過 40m²

(B) 3. 依建築技術規則建築設計施工編第九章「容積設計」之規定，每層共同使用之樓梯間、昇降機間之梯廳得不計入該層樓地板面積者，其面積最大不得超過該層樓地板之多少％？　【適中】

(A) 5 　　　　　(B) 10 　　　　　(C) 12.5 　　　　　(D) 15

正確解答：

口訣： 不計入該層樓地板面積 ＝陽台＋梯廳＜**10%**

(1) 每層陽臺面積未超過該層樓地板面積之 **10%** 部分。

(2) 每層共同使用之樓梯間、昇降機間之梯廳，其淨深度不得小於二公尺。

(3) 梯廳面積未超過該層樓地板面積 **10%** 部分。

（C）4.　依建築技術規則建築設計施工編第九章之規定，實施容積管制地區之建築物其陽台及梯廳面積之和，至多不超過該層樓地板面積多少％得不計入容積？　　　　　　　　　　　　　　　　　　　　【簡單】

(A) 10　　　　　　(B) 12.5　　　　　　(C) 15　　　　　　(D) 25

正確解答：

應計入該層樓地板面積 = 得不計入容積

每層陽臺面積與梯廳面積之和超過該層樓地板面積之 **15%** 部分者。

（D）5.　依建築技術規則規定，下列何者應全部計入容積總樓地板面積？【困難】

(A) 安全梯之梯間　　　　　　　　　(B) 管理委員會使用空間
(C) 自行增設之停車空間　　　　　　(D) 昇降機之機道

正確解答：

得不計入容積總樓地板面積

1.　二分之一以上透空之遮陽板，其深度在二公尺以下者，或露臺或法定騎樓或本編第一條第九款第一目屋頂突出物或依法設置之防空避難設備、裝卸、機電設備、安全梯之梯間、緊急昇降機之機道、特別安全梯與緊急昇降機之排煙室及依公寓大廈管理條例規定之管理委員會使用空間

2.　設置之停車空間、獎勵增設停車空間及未設置獎勵增設停車空間之自行增設停車空間。

（C）6.　有關突出於建築物外牆中心線可以不計入建築面積的透空遮陽板，最大的允許深度應小於多少 m，透空至少應大於多少？　【適中】

(A) 深度 1 m 以下，透空 1/2 以上　(B) 深度 1 m 以下，透空 1/3 以上
(C) 深度 2 m 以下，透空 1/2 以上　(D) 深度 2 m 以下，透空 1/3 以上

正確解答：

二分之一以上透空之遮陽板，其深度在二公尺以下者，或露臺或法定騎樓或本編第一條第九款第一目屋頂突出物或依法設置之防空避難設備、裝卸、機電設備、安全梯之梯間、緊急昇降機之機道、特別安全梯與緊急昇降機之排煙室及依公寓大廈管理條例規定之管理委員會使用空間，得不計入容積總樓地板面積。（技則# **162**）

（C）7.　依建築技術規則之規定，在法定上限內，下列何者應計入容積樓地板面積？　　　　　　　　　　　　　　　　　　　　【簡單】

(A) 共同使用之電梯廳　　　　　　　(B) 機電設備空間
(C) 浴廁及儲藏等非居室空間　　　　(D) 緊急昇降機之機道

正確解答：

但機電設備空間、安全梯之梯間、緊急昇降機之機道、特別安全梯與緊急昇降機之排煙室及管理委員會使用空間面積之和，除依規定僅須設置一座直通樓梯之建築物，不得超過都市計畫法規及非都市土地使用管制規則規定該基地容積之百分之十外，其餘**不得超過該基地容積之百分之十五**。

（B）8. 依建築技術規則建築設計施工編第 9 章容積管制之規定，下列何者可不計入總樓地板面積？　　　　　　　　　　　　　【適中】
    (A) 非居室之地下室　　　　　　　(B) 所有法定停車空間
    (C) 所有的機電設備空間　　　　　(D) 所有的梯廳、電梯及安全梯

正確解答：

得不計入容積總樓地板面積

(1) 無共同使用梯廳之住宅用途使用者，每層陽臺面積之和，在該層樓地板面積 **12.5%** 或未超過 **8 平方公尺**部分。

(2) 二分之一以上透空之遮陽板，其深度在二公尺以下者，或露臺或法定騎樓、安全梯之梯間、緊急昇降機之機道、管理委員會使用空間、所有法定停車空間。

(3) 設置之停車空間、獎勵增設停車空間及未設置獎勵增設停車空間之自行增設停車空間。

（D）9. 有關建築樓地板面積計算之敘述，下列何者錯誤？　　　　【困難】
    (A) 法定之防空避難設備空間，應計入為樓地板面積
    (B) 陽台面積超過法定規定者，應計入為樓地板面積
    (C) 夾層當層無出入口連通公共樓梯、電梯間時，其樓梯電梯之面積可免計
    (D) 陽台部分供作進出通道者，應計入為樓地板面積

正確解答：

應計入該層樓地板面積

(1) 每層陽臺、屋簷突出建築物外牆中心線或柱中心線超過二公尺或雨遮、花臺突出超過一公尺者，應自其外緣分別扣除二公尺或一公尺作為中心線。

(2) 每層陽臺面積與梯廳面積之和超過該層樓地板面積之 **15%** 部分者。

三、建築技術規則第 106、107 條

關鍵字與法條	條文內容
1. 應設置緊急用昇降機原則 2. 得不設置緊急用昇降機 【建築技術規則 #106】	依本編第五十五條規定應設置之緊急用昇降機，其設置標準依下列規定： 一、建築物高度**超過十層樓以上部分之最大一層樓地板面積**，在一、**五〇〇平方公尺以下者**，至少應設置一座；**超過一、五〇〇平方公尺時**，每達**三、〇〇〇平方公尺**，增設一座。 二、下列建築物不受前款之限制： （一）**超過十層樓之部分**為樓梯間、昇降機間、機械室、裝飾塔、屋頂窗及其他類似用途之建築物。 （二）**超過十層樓之各層樓地板面積之和未達五〇〇平方公尺者**。
1. 出入口應為具有一小時以上防火時效之防火門。除開向特別安全梯外，限設一處，且不得直接連接居室 2. 應設置排煙設備 3. 每座昇降機間之樓地板面積不得小於十平方公尺 4. 通往戶外出入口之步行距離不得大於三十公尺 5. 昇降機道應每二部昇降機以具有一小時以上防火時效之牆壁隔開 6. 整座電梯應連接至緊急電源 7. 昇降速度每分鐘不得小於六十公尺 【建築技術規則 #107】	緊急用昇降機之構造除本編第二章第十二節及建築設備編對昇降機有關機廂、昇降機道、機械間安全裝置、結構計算等之規定外，並應依下列規定： 一、機間： （一）除避難層、集合住宅採取複層式構造者其無出入口之樓層及整層非供居室使用之樓層外，應能連通每一樓層之任何部分。 （二）四周應為具有一小時以上防火時效之牆壁及樓板，其天花板及牆裝修，應使用耐燃一級材料。 （三）出入口應為具有一小時以上防火時效之防火門。除開向特別安全梯外，限設一處，且不得直接連接居室。 （四）應設置排煙設備。 （五）應有緊急電源之照明設備並設置消防栓、出水口、緊急電源插座等消防設備。 （六）**每座昇降機間之樓地板面積不得小於十平方公尺**。 （七）應於明顯處所標示昇降機之活載重及最大容許乘座人數，避難層之避難方向、通道等有關避難事項，並應有可照明此等標示以及緊急電源之標示燈。 二、**機間在避難層之位置，自昇降機出口或昇降機間之出入口至通往戶外出入口之步行距離不得大於三十公尺**。戶外出入口並應臨接寬四公尺以上之道路或通道。

關鍵字與法條	條文內容
	三、昇降機道應每二部昇降機以具有一小時以上防火時效之牆壁隔開。但連接機間之出入口部分及連接機械間之鋼索、電線等周圍，不在此限。 四、應有能使設於各層機間及機廂內之昇降控制裝置暫時停止作用，並將機廂呼返避難層或其直上層、下層之特別呼返裝置，並設置於避難層或其直上層或直下層等機間內，或該大樓之集中管理室（或防災中心）內。 五、應設有連絡機廂與管理室（或防災中心）間之電話系統裝置。 六、應設有使機廂門維持開啟狀態仍能昇降之裝置。 **七、整座電梯應連接至緊急電源。** **八、昇降速度每分鐘不得小於六十公尺。**

重點整理：

1. 應設置緊急用昇降機原則：建築物高度超過 **10** 層樓以上部分之最大一層樓地板面積，在一、五○○平方公尺以下者。

2. 得不設置緊急用昇降機：超過十層樓之各層樓地板面積之 和 未達五百平方公尺者。

3. 出入口應為具有一小時以上防火時效之防火門。且不得直接連接居室。

4. 應設置排煙設備。

5. 每座昇降機間之樓地板面積不得小於十平方公尺。

6. 機間在避難層之位置，自昇降機出口或昇降機間之出入口至通往戶外出入口之步行距離不得大於三十公尺。

7. 昇降機道應每二部昇降機以具有一小時以上防火時效之牆壁隔開。

8. 昇降速度每分鐘不得小於六十公尺。

題庫練習：

（A）1.　建築物高度超過多少層樓以上部分之最大一層樓地板面積，在 1500 平方公尺以下者，至少應設置一座緊急用昇降機？　【適中】
（A)10 樓　　　　（B)11 樓　　　　（C)12 樓　　　　（D)13 樓

正確解答：
建築物高度超過十層樓以上部分之最大一層樓地板面積，在一、五○○平方公尺以下者，至少應設置一座；超過一、五○○平方公尺時，每達三、○○○平方公尺，增設一座。（技則 #106）

（AD）2.　建築技術規則有關緊急用昇降機之規定，下列何者錯誤？　【困難】
(A) 建築物高度超過 10 層樓之各層樓地板面積之未達 500 平方公尺者，得不設置緊急用昇降機
(B) 每座昇降機間之樓地板面積不得小於 10 平方公尺
(C) 緊急用昇降機間應設置排煙室
(D) 昇降機道應每 2 部昇降機以具有半小時以上防火時效之牆壁隔開

正確解答：
(A) 建築物高度超過十層樓以上部分之最大一層樓地板面積，在一、五○○平方公尺以下者，至少應設置一座；超過一、五○○平方公尺時，每達三、○○○平方公尺，增設一座。（技則 #106）
(B) 每座昇降機間之樓地板面積不得小於 10 平方公尺。（技則 #107）
(C) 緊急用昇降機應設置排煙設備。（技則 #107）
(D) 昇降機道應每二部昇降機以具有一小時以上防火時效之牆壁隔開。（技則 #107）

（B）3.　有關建築技術規則中緊急用昇降機之敘述，下列何者錯誤？　【適中】
(A) 超過 10 層樓之各層樓地板面積之和未達 500 平方公尺者，可免設緊急用昇降機
(B) 建築物高度 11 層樓以下，免檢討設置緊急昇降機
(C) 每座昇降機間之樓地板面積不得小於 10 平方公尺
(D) 避難層昇降機出口或昇降機間之出入口至通往戶外出入口之步行距離不得大於 30 公尺

正確解答：
(A) 建築物高度超過十層樓以上部分之最大一層樓地板面積，在一、五○○平方公尺以下者，至少應設置一座；超過一、五○○平方公尺時，每達三、○○○平方公尺，增設一座。（技則 #106）

(B) 超過十層樓之各層樓地板面積之和未達五○○平方公尺者。（不受限制）（技則 #106）

(C) 每座昇降機間之樓地板面積不得小於 10 平方公尺。（技則 #107）

(D) 機間在避難層之位置，自昇降機出口或昇降機間之出入口至通往戶外出入口之步行距離不得大於 30 公尺。（技則 #107）

（C）4. 依建築技術規則，有關緊急昇降機之規定，下列何者錯誤？　【簡單】

(A) 防火構造建築物超過 10 層樓之各樓層地板面積之和未達 500 m² 者，得不設置緊急昇降機

(B) 每座緊急昇降機間之樓地板面積不得小於 10 m²，且應設置排煙設備

(C) 緊急昇降機之機間出入口，應為具有一小時以上防火時效之防火門，直接連接居室

(D) 機間在避難層之位置，自機間出入口至通往戶外出入口之步行距離不得大於 30 m

正確解答：

但連接機間之出入口部分及連接機械間之鋼索、電線等周圍，不在此限。

（C）5. 依建築技術規則建築設計施工編第四章之規定，下列何者必須設置緊急用昇降機？　【簡單】

(A) 六層之建築物　　　　(B) 建築物高度 20 公尺

(C) 十一層之建築物　　　(D) 八層之建築物

正確解答：

應設置緊急用昇降機原則：建築物高度超過十層樓以上部分之最大一層樓地板面積，在一、五○○平方公尺以下者，至少應設置一座。

（B）6. 依建築技術規則規定，緊急用昇降機之昇降速度每分鐘至少應大於多少公尺？　【非常簡單】

(A)50　　　　(B)60　　　　(C)70　　　　(D) 90

正確解答：

昇降速度每分鐘不得小於 60 公尺。（技則 #107）

（B）7. 有關建築技術規則內對緊急用昇降機規定之敘述，下列何者錯誤？　【簡單】

(A) 機間應設置排煙室

(B) 昇降速度每分鐘不得小於 90 公尺

(C) 緊急電梯應連接至緊急電源

(D) 機道每 2 部昇降機以具有 1 小時以上防火時效之牆壁隔開

正確解答：

(B) 昇降速度每分鐘不得小於 60 公尺。（技則 #107）

(D) 昇降機道應每二部昇降機以具有一小時以上防火時效之牆壁隔開。

（技則 #107）

（D）8.　建築技術規則所要求設置之設施，下列何者係針對火災時提供消防隊
救火之需要？①特別安全梯②戶外安全梯③緊急昇降機④緊急入口

【簡單】

(A) ①②　　　　(B) ①③　　　　(C) ②③　　　　(D) ③④

四、建築技術規則第 110 條

關鍵字與法條	條文內容
住宅外牆距基地、境界線（非建築線）【建築技術規則 #110】	防火構造建築物，除基地鄰接寬度六公尺以上之道路或深度六公尺以上之永久性空地側外，依下列規定： 一、建築物自基地境界線退縮留設之防火間隔未達一‧五公尺範圍內之外牆部分，**應具有一小時以上防火時效**，其牆上之開口應裝設具同等以上防火時效之防火門或固定式防火窗等防火設備。 二、建築物自基地境界線退縮留設之防火間隔在一‧五公尺以上未達三公尺範圍內之外牆部分，應具有半小時以上防火時效，其牆上之開口應裝設具同等以上防火時效之防火門窗等防火設備。但同一居室開口面積在三平方公尺以下，且以具半小時防火時效之牆壁（不包括裝設於該牆壁上之門窗）與樓板區劃分隔者，其外牆之開口不在此限。 三、**一基地內二幢建築物間之防火間隔未達三公尺範圍內之外牆部分**，應具有一小時以上防火時效，其牆上之開口應裝設具同等以上防火時效之防火門或固定式防火窗等防火設備。 四、**一基地內二幢建築物間之防火間隔在三公尺以上未達六公尺範圍內之外牆部分**，應具有半小時以上防火時效，其牆上之開口應裝設具同等以上防火時效之防火門窗等防火設備。但**同一居室開口面積在三平方公尺以下，且以具半小時防火時效之牆壁**（不包括裝設於該牆壁上之門窗）與樓板區劃分隔者，其外牆之開口不在此限。

關鍵字與法條	條文內容
	五、建築物配合本編第九十條規定之避難層出入口，應在基地內留設淨寬一‧五公尺之避難用通路自出入口接通至道路，避難用通路得兼作防火間隔。臨接避難用通路之建築物外牆開口應具有一小時以上防火時效及半小時以上之阻熱性。 六、市地重劃地區，應由直轄市、縣（市）政府規定整體性防火間隔，其淨寬應在三公尺以上，並應接通道路。

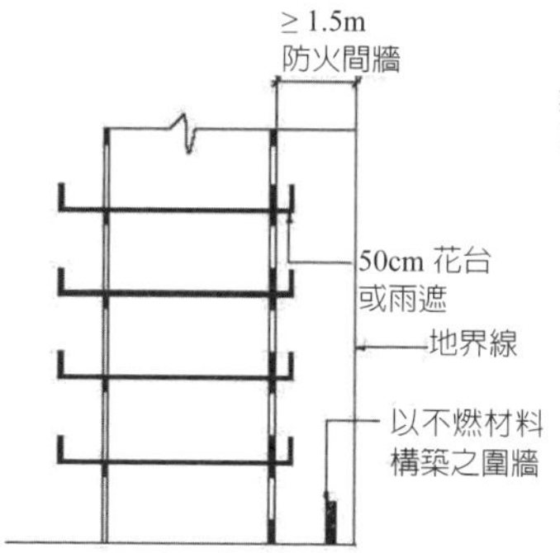

花台或雨遮可突出防水間隔 50cm，
防火間隔範圍內得設置以不燃材料構
築之圍牆。
　第 110 條　圖 110-(4)

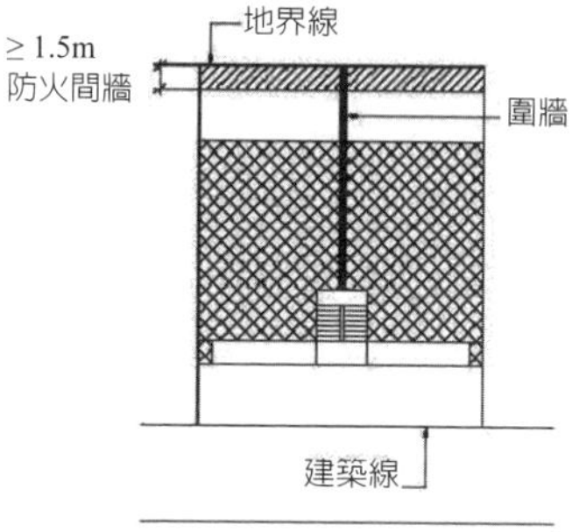

第 110 條　圖 110-(3)

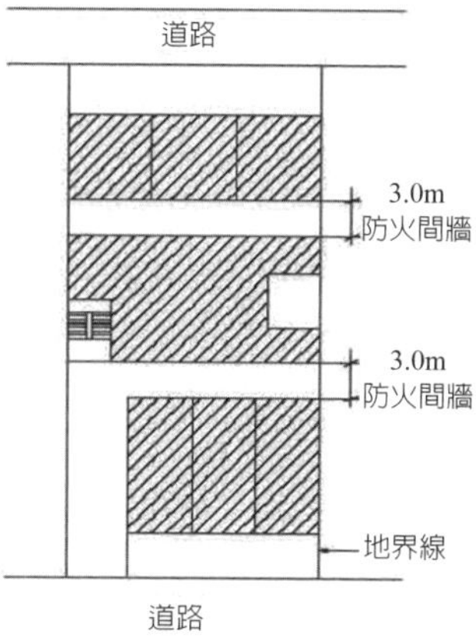

基地雖臨接二條道路，基地內因
有一個人幢以上建築物，各幢建
築物之間仍應留高 3m 防火間隔，

第 110 條　圖 110-(5)

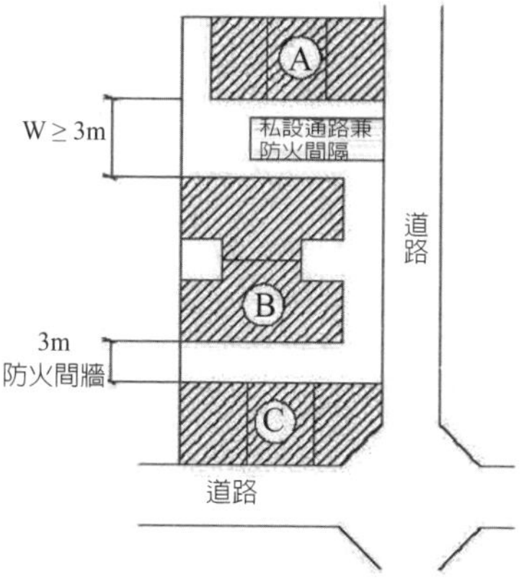

基地雖二面臨接二條道路，基地內
各有兩幢以上建築物，故各建築物
間留設 3m 防火間隔，如圖中Ⓐ Ⓑ
Ⓒ 之間，應留設 3m 防火間隔。

第 110 條　圖 110-(6)

重點整理：

1. 應具有一小時以上防火時效：建築物自基地境界線退縮留設之防火間隔未達一‧五公尺範圍內之外牆部分。一基地內二幢建築物間之防火間隔未達三公尺範圍內之外牆部分。

2. 應具有半小時以上防火時效：建築物自基地境界線退縮留設之防火間隔在一‧五公尺以上未達三公尺範圍內之外牆部分一。基地內二幢建築物間之防火間隔在三公尺以上未達六公尺範圍內之外牆部分。

3. 同一居室開口面積在三平方公尺以下，且以具半小時防火時效之牆壁。

4. 建築物外牆開口門窗免檢討防火性能：防火構造建築物，除基地鄰接寬度六公尺以上之道路或深度六公尺以上之永久性空地側外。

題庫練習：

（C）1. 住宅外牆距基地、境界線（非建築線）1.4 公尺時，其構造須具有 1 小時防火時效之規定係依建築技術規則建築設計施工編哪一個章節？　　　　　　　　　　　　　　　　　　　　　　　　【簡單】

 (A) 防火構造　　　　　　　　　(B) 出入口、走廊、樓梯
 (C) 防火間隔　　　　　　　　　(D) 防火區劃

 正確解答：
 第四章防火避難設施及消防設備第六節防火間隔（技則 #110）
 建築物自基地境界線退縮留設之防火間隔未達一‧五公尺範圍內之外牆部分，應具有一小時以上防火時效

（B）2. 依建築技術規則之規定，防火構造建築物自基地境界線退縮留設之防火間隔，至多未達多少公尺範圍內之外牆部分，應具有 1 小時以上之防火時效？　　　　　　　　　　　　　　　　　　　　　　　　【簡單】

 (A) 1　　　　　(B) 1.5　　　　　(C) 2　　　　　(D) 3

 正確解答：
 建築物自基地境界線退縮留設之防火間隔未達一‧五公尺範圍內之外牆部分，應具有一小時以上防火時效。（技則 #110）

（D）3. 一基地內之二幢防火構造建築物間留設 5 m 防火間隔，面臨該防火間

隔同一居室外牆開口不具防火時效時，此外牆允許最大開口面積為多少？該居室分間牆壁最少應具多少防火時效？　　　　　　　【困難】

(A) 2 m^2，一小時防火時效　　　　(B) 2 m^2，半小時防火時效

(C) 3 m^2，一小時防火時效　　　　(D) 3 m^2，半小時防火時效

正確解答：

一基地內二幢建築物間之防火間隔在三公尺以上未達六公尺範圍內之外牆部分，應具有半小時以上防火時效，其牆上之開口應裝設具同等以上防火時效之防火門窗等防火設備。但同一居室開口面積在三平方公尺以下，且以具半小時防火時效之牆壁（不包括裝設於該牆壁上之門窗）與樓板區劃分隔者，其外牆之開口不在此限。（技則 #110）

(D) 4. 一基地內二幢防火構造建築物間之防火間隔至少應超過多少 m 以上，該建築物外牆開口門窗免檢討防火性能？　　　　　　【簡單】

(A) 3　　　　(B) 4　　　　(C) 5　　　　(D) 6

正確解答：

一基地內二幢建築物間之防火間隔在三公尺以上未達六公尺範圍內之外牆部分，應具有半小時以上防火時效。（技則 #110）

(A) 5. 一基地內之二幢防火構造建築物間留設 2 m 防火間隔時，其外牆之防火性能，下列敘述何者正確？　　　　　　　　　　【簡單】

(A) 外牆與開口門窗最少均具有 1 小時以上防火時效

(B) 外牆與開口門窗最少均具有半小時以上防火時效

(C) 外牆最少具有半小時防火時效，開口門窗無規定

(D) 同一居室開口面積在 3 m^2 以下，且以具半小時防火時效之牆壁（不包括裝設於該牆壁上之門窗）與樓版區劃分隔者，其外牆開口的防火性能不予限制

正確解答：

一基地內二幢建築物間之防火間隔未達三公尺範圍內之外牆部分，應具有一小時以上防火時效，其牆上之開口應裝設具同等以上防火時效之防火門或固定式防火窗等防火設備。（技則 #110）

(B) 6. 自基地境界線所退縮之防火間隔，不得作為下列何種用途使用？【適中】

(A) 花台、雨遮 (B) 陽台、露台 (C) 汽車坡道 (D) 採光井

正確解答：

內政部函 87.12.04. 台內營字第 8773445 號說明：

一、本案經本營建署組成「建築技術規則解釋函令整理專案小組」，並邀集台北市政府工務局、高雄市政府工務局、臺灣省政府建設廳、部分縣（市）政府、相關機關及公會召開專案會議，獲致決議如說明二。

二、防火間隔範圍內之使用，依下列原則辦理：

（一）防火間隔留設之目的係為於發生火災時阻隔火勢蔓延，以避免影響鄰幢建築物之安全。在不妨礙其設置目的之原則下，防火間隔內得設置平面式車道，及以不燃材料構築且免計入建築面積之雨遮、花台、汽車坡道、人工地盤、採光井、圍牆等設施或構造物；但依建築技術規則建築設計施工編第九十條規定作為避難層出入口接通道路使用之通路及依同編第一百十條第一項第二款規定應接通道路者，其規定寬度範圍內不得設置。

（二）建築技術規則建築設計施工編第一百十條之圖 110-(3)、圖 110-(4)、圖 110-(5) 及圖 110-(6) 配合修正如後附圖例。

（D）7.　依建築技術規則建築設計施工編第 4 章之規定，同一基地內兩幢建築物至少間隔多少公尺，外牆及開口得不具防火時效？　　　【適中】

(A) 1.5　　　　(B) 3　　　　(C) 4.5　　　　(D) 6

正確解答：

建築物外牆開口門窗免檢討防火性能：防火構造建築物，除基地鄰接寬度六公尺以上之道路或深度六公尺以上之永久性空地側外。（技則 #110）

五、建築技術規則第 3-4 條

關鍵字與法條	條文內容
防火避難綜合檢討【建築技術規則 #3-4】	下列建築物**應辦理防火避難綜合檢討評定**，或檢具經中央主管建築機關認可之建築物防火避難性能設計計畫書及評定書；其檢具建築物防火避難性能設計計畫書及評定書者，並得適用本編第三條規定： 一、高度達二十五層或九十公尺以上之高層建築物。但僅供建築物用途類組 **H-2** 組（住宅）使用者，不在此限。 二、供建築物使用類組 **B-2** 組（商場百貨）使用之**總樓地板面積達三萬平方公尺以上**之建築物。

關鍵字與法條	條文內容
	三、與地下公共運輸系統相連接之地下街或地下商場。 前項之防火避難綜合檢討評定，應由中央主管建築機關指定之機關（構）、學校或團體辦理。 第一項防火避難綜合檢討報告書與評定書應記載事項及其他應遵循事項，由中央主管建築機關另定之。 第二項之機關（構）、學校或團體，應具備之條件、指定程序及其應遵循事項，由中央主管建築機關另定之。

補充說明：

1. **H-2** 組（住宅）：

   (1) 集合住宅、住宅（包括民宿）。

   (2) 小型安養機構、小型身心障礙者職業訓練機構、小型社區復健中心、小型康復之家（設於地面一層面積在 500 m² 以下或設於二層至五層之任一層面積在 300 m² 以下且樓梯寬度 1.2 m 以上、分間牆及室內裝修材料符合建築技術規則現行規定者）。

   (3) 農舍（包括民宿）

2. **B-2** 組（商場百貨）：

   (1) 百貨公司（百貨商場）商場、市場（超級市場、零售市場、攤販集中場）、展覽場（館）、量販店、批發場所（倉儲批發、一般批發、農產品批發）。

   (2) 樓地板面積在 500 m² 以上之下列場所：店舖、一般零售場所、日常用品零售場所

重點整理：

1. 應辦理防火避難綜合檢討評定：

   (1) 高度 **25F** 或 **90 m** 以上之高層建築物。

   (2) 供建築 **B-2** 組（商場百貨）使用之總樓板面積 **3 萬 m²** 以上之建築物。

   (3) 與地下公共運輸系統相連接之地下街或地下商場。

2. 供建築 **H-2** 組（住宅）使用者，不在此限。

題庫練習：

（B）1.　下列何者建築物申請建築執照，無須辦理防火避難綜合檢討評定？

【簡單】

(A) 總樓層數為 35 層樓的旅館

(B) 建築高度為 90 m 的 H-2 類組住宅建築

(C) 總樓地板面積為 50,000 平方公尺的百貨公司

(D) 建築高度 25 層樓且僅 1 樓做店鋪使用的住宅大樓

正確解答：

(A) 高度達二十五層或九十公尺以上之高層建築物。

(B) 高度達九十公尺以上之高層建築物。但僅供建築物用途類組 **H-2** 組（住宅）使用者，不在此限。

(C) 供建築物使用類組 B-2 組（商場百貨）使用之總樓地板面積達三萬平方公尺以上之建築物。

(D) 但僅供建築物用途類組 H-2 組（住宅）使用者，不在此限。

（D）2.　依建築技術規則規定，下列建築物何者應檢具防火避難綜合檢討報告書及評定書，或建築物防火避難性能設計計畫書及評定書，經中央主管建築機關認可？

【適中】

(A) 高度 22 層或 80 公尺 B-2 組使用之高層建築物

(B) 高度 20 層或 70 公尺 B-4 組使用之高層建築物

(C) 供建築物使用類組 B-2 組使用之總樓地板面積達 20,000 平方公尺以上之建築物

(D) 供建築物使用類組 B-2 組使用之總樓地板面積達 30,000 平方公尺以上之建築物

正確解答：

(A) 高度達二十五層或九十公尺以上之高層建築物。供建築物使用類組 **B-2** 組（商場百貨）使用之總樓地板面積達三萬平方公尺以上之建築物。

(B) 高度達二十五層或九十公尺以上之高層建築物。供建築物使用類組 **B-2** 組（商場百貨）使用之總樓地板面積達三萬平方公尺以上之建築物。

(C) 供建築物使用類組 B-2 組（商場百貨）使用之總樓地板面積達三萬平方公尺以上之建築物。

(D) 供建築物使用類組 B-2 組（商場百貨）使用之總樓地板面積達三萬平方公尺以上之建築物。

（A）3.　依建築技術規則規定，有關防火避難綜合檢討報告書及評定書之敘述，下列何者錯誤？　　　　　　　　　　　　　　　　　【簡單】

(A) 檢具之，並經中央主管建築機關認可，得不適用建築技術規則建築設計施工編各章之規定

(B) 高度達25層或90公尺以上之高層建築物應檢具之，但僅供「住宅」使用者，不受此限

(C) 百貨商場之總樓地板面積達 30,000 平方公尺以上者應檢具之

(D) 與地下公共運輸系統相連之地下街或地下商場應檢具之

正確解答：

(A) 檢具經中央主管建築機關認可之建築物防火避難性能設計計畫書及評定書；其檢具建築物防火避難性能設計計畫書及評定書者，並得適用本編第三條規定

(B) 高度達二十五層或九十公尺以上之高層建築物。但僅供建築物用途類組 H-2 組（住宅）使用者，不在此限。

(C) 供建築物使用類組 B-2 組（商場百貨）使用之總樓地板面積達三萬平方公尺以上之建築物。

(D) 與地下公共運輸系統相連接之地下街或地下商場。

（C）4.　下列敘述之規模或用途的建築物，何者須檢具防火避難綜合檢討報告書及評定書，或建築物防火避難性能設計計畫書及評定書，經中央主管建築機關認可？　　　　　　　　　　　　　　　　　　　　　【適中】

(A) 地上 12 層，建築物高度 50 公尺，總樓地板面積 20,000 平方公尺，用途供旅客等候運輸工具之場所及商場百貨用途的高層建築物

(B) 地上 12 層，建築物高度 50 公尺，總樓地板面積 20,000 平方公尺，僅供商場百貨用途的高層建築物

(C) 地上 26 層，建築物高度 85 公尺，總樓地板面積 20,000 平方公尺，僅供辦公用途的高層建築物

(D) 地上 32 層，建築物高度 100 公尺，總樓地板面積 20,000 平方公尺，僅供集合住宅用途的高層建築物

正確解答：

高度達二十五層或九十公尺以上之高層建築物。但僅供建築物用途類

組 **H-2** 組（住宅）使用者，$\boxed{不在此限}$。

（B）5. 下列何種建築物不需要提送防火避難綜合檢討報告書？　　　【簡單】
    (A) 30 層之辦公大樓
    (B) 30 層之集合住宅
    (C) 3 層之百貨商場總樓地板面積 33,000 m²
    (D) 與捷運車站連接之地下商場

正確解答：

高度達二十五層或九十公尺以上之高層建築物。但僅供建築物用途類
組 **H-2** 組（住宅）使用者，$\boxed{不在此限}$。

（A）6. 依建築技術規則之相關規定，圖示樓梯之寬度為何？　　　【適中】
    (A) W   (B) W-2D   (C) W-D   (D) W-（2×10）

正確解答：

（建築技術規則建築設計施工編 #33）

五、樓梯及平臺寬度二側各十公分範圍內，得設置扶手或高度五十公
　　分以下供行動不便者使用之昇降軌道；樓梯及平臺最小淨寬仍應
　　為七十五公分以上。

【建築技術規則建築設計施工編】#33 修正條文對照節錄

修正條文：建築物樓梯及平臺之寬度、梯級之尺寸，應依下列規定：（略）
現行條文：（樓梯之構造）建築物樓梯及平臺扶手之淨寬、梯級之尺寸，應依左列規：（略）

說明：一、按附表無扶手相關規定，爰刪除主文「扶手」二字，另配
　　　　　合修正條文說明五容許於規定寬度範圍內設置扶手及供行動不
　　　　　便者使用之昇降軌道，主文及表格之「淨寬」修正用語為「寬
　　　　　度」。

（A）7. 依建築技術規則規定，下列何者建築物無須辦理防火避難綜合檢討評
    定或檢具防火避難性能設計計畫書及評定書？　　　【適中】
    (A) 高度達 90 公尺以上之 H-2 類組建築物
    (B) 高度達 25 層以上之 G-2 類組建築物
    (C) 總樓地板面積達 30000 平方公尺以上之商場百貨
    (D) 與地下大眾捷運系統連接之地下街

正確解答：

（總則編 #3-4）

1. 應辦理防火避難綜合檢討評定：
   (1) 高度達二十五層或九十公尺以上之高層建築物。
   (2) 供建築物使用類組 **B-2** 組（商場百貨）使用之總樓地板面積達三萬平方公尺以上之建築物。
   (3) 與地下公共運輸系統相連接之地下街或地下商場。
2. 僅供建築物用途類組 **H-2** 組（住宅）使用者，不在此限。

六、建築技術規則第 97 條

關鍵字與法條	條文內容
安全梯之構造 戶外安全梯 出入口應有具一小時以上防火時效及半小時以上阻熱性之防火門 特別安全梯之構造自排煙室進入樓梯間之出入口，應裝設具有一小時以上防火時效及半小時以上阻熱性之防火門，自陽臺或排煙室進入樓梯間之出入口應裝設具有半小時以上防火時效之防火門。 免裝設防火門以室外走廊連接安全梯者，戶外安全梯出入口應有具一小時以上防火時效之防火門	安全梯之構造，依下列規定： 一、**室內安全梯之構造**： 　（一）**安全梯間四周牆壁除外牆依前章規定外，應具有一小時以上防火時效**，天花板及牆面之裝修材料並以**耐燃一級材料為限**。 　（二）**進入安全梯之出入口，應裝設具有一小時以上防火時效及半小時以上阻熱性且具有遮煙性能之防火門**，並不得設置門檻；其寬度不得小於九十公分。 　（三）安全梯間應設有緊急電源之照明設備，其開設採光用之向外窗戶或開口者，應與同幢建築物之其他窗戶或**開口相距九十公分以上**。 二、**戶外安全梯之構造**： 　（一）安全梯間四週之牆壁除外牆依前章規定外，應具有一小時以上之防火時效。 　（二）安全梯與建築物任一開口間之距離，除至安全梯之防火門外，不得小於二公尺。但開口面積在一平方公尺以內，並裝置具有半小時以上之防火時效之防火設備者，不在此限。 　（三）出入口應裝設具有一小時以上防火時效且具有半小時以上阻熱性之防火門，並不得設置門檻，其寬度不得小於九十公分。但以室外走廊連接安全梯者，**其出入口得免裝設防火門**。 　（四）**對外開口面積（非屬開設窗戶部分）應在二平方公尺以上**。 三、**特別安全梯之構造**： 　（一）**樓梯間及排煙室**之四週牆壁除外牆依前章規定外，應具有一小時以上防火時效，其天花板及牆面之裝修，應為耐燃一級材料。管道間之維修孔，並不得開向樓梯間。 　（二）樓梯間及排煙室，應設有緊急電源之照明設備。其開設採光用固定窗戶或在陽臺外牆開設之開口，除開口面積在一平方公尺以內並裝置具有半小時以上之防火時效之防火設備者，應與其他開口相距九十公分以上。 　（三）**自室內通陽臺或進入排煙室之出入口，應裝設具有一小時以上防火時效及半小時以上阻熱性之防火門**，自陽臺或排煙室進入樓梯間之出入口應裝設具有**半小時以上防火時效**之防火

關鍵字與法條	條文內容
其出入口得免裝設防火門【建築技術規則 #97】	門。 （四）**樓梯間與排煙室或陽臺**之間所開設之窗戶**應為固定窗**。 （五）建築物達十五層以上或地下層三層以下者，各樓層之特別安全梯，如供建築物使用類組A-1、B-1、B-2、B-3、D-1 或D-2 組使用者，其樓梯間與排煙室或樓梯間與陽臺之面積，不得小於各該層居室樓地板面積百分之五；如供其他使用，不得小於各該層居室樓地板面積百分之三。 安全梯之樓梯間於避難層之出入口，應裝設具一小時防火時效之防火門。 建築物各棟設置之安全梯，應至少有一座於各樓層僅設一處出入口且不得直接連接居室。

重點整理：

1. 室內安全梯之構造：

　(1) 梯間四周牆壁，應具有一小時以上防火時效，天花板及牆面之裝修材料並以耐燃一級材料為限。

　(2) 進入室內安全梯之出入口，應裝設具有一小時以上防火時效及半小時以上阻熱性且具有遮煙性能之防火門，並不得設置門檻；其寬度不得小於九十公分。

　(3) 應與同幢建築物之其他窗戶或開口相距九十公分以上。

2. 戶外安全梯之構造：

　(1) 梯間四週之牆壁除外牆，應有一小時以上之防火時效。

　(2) 任一開口間之距離，除至安全梯之防火門外，不得小於二公尺。但開口面積在一平方公尺以內，並裝置具有半小時以上之防火時效之防火設備者，不在此限。

　(3) 出入口應裝設具有一小時以上防火時效且具有半小時以上阻熱性之防火門，並不得設置門檻，其寬度不得小於九十公分。但以室外走廊連接安全梯者，其出入口得免裝設防火門。

　(4) 對外開口面積（非屬開設窗戶部分）應在二平方公尺以上。

3. 特別安全梯之構造：

(1) 梯間四周牆壁，應具有**一小時以上防火時效**，天花板及牆面之裝修材料並以耐燃一級材料為限。管道間之維修孔，並不得開向樓梯間。

(2) 自室內通陽臺或進入排煙室之出入口，應裝設具有**一小時以上防火時效及半小時以上阻熱性之防火門**，自陽臺或排煙室進入樓梯間之出入口應裝設具有半小時以上防火時效之防火門。

(3) 樓梯間與排煙室或陽臺之間所開設之窗戶應為固定窗。

(4) 安全梯之樓梯間於避難層之出入口，應裝設具一小時防火時效之防火門。

題庫練習：

（A）1. 依建築技術規則規定，下列何者出入口之防火設備應同時具有防火時效、阻熱性及遮煙性能？　　　　　　　　　　　　　【適中】
(A) 進入室內安全梯之出入口
(B) 進入戶外安全梯之出入口
(C) 自排煙室進入特別安全梯之出入口
(D) 室內進入排煙室之出入口

正確解答：

(A) 室內安全梯
進入安全梯之出入口，應裝設具有一小時以上防火時效及半小時以上阻熱性且具有遮煙性能之防火門，並不得設置門檻；其寬度不得小於九十公分。

(B) 戶外安全梯
出入口應裝設具有一小時以上防火時效且具有半小時以上阻熱性之防火門，並不得設置門檻，其寬度不得小於九十公分。但以室外走廊連接安全梯者，其出入口得免裝設防火門。

(C) 特別安全梯
自室內通陽臺或進入排煙室之出入口，應裝設具有一小時以上防火時效及半小時以上阻熱性之防火門，自陽臺或排煙室進入樓梯間之出入口應裝設具有半小時以上防火時效之防火門。

（B）2. 依建築技術規則規定，有關安全梯構造之敘述，下列何者錯誤？【簡單】

(A) 四周牆壁除外牆外，應具 1 小時以上防火時效

(B) 天花板及牆面以耐燃二級材料裝修

(C) 具 1 小時以上防火時效及半小時以上阻熱性且具有遮煙性能之防火門

(D) 開口與該建築物之其他開口相距至少 90 公分

正確解答：

室內安全梯之構造：

(A) 安全梯間四周牆壁除外牆依前章規定外，應具有一小時以上防火時效。

(B) 天花板及牆面之裝修材料並以耐燃一級材料為限。

(C) 應裝設具有一小時以上防火時效及半小時以上阻熱性且具有遮煙性能之防火門。

(D) 安全梯間應設有緊急電源之照明設備，其開設採光用之向外窗戶或開口者，應與同幢建築物之其他窗戶或開口相距九十公分以上。

（C）3. 依建築技術規則規定，戶外安全梯對外開口面積（非屬開設窗戶部分）最小應大於多少平方公尺？　【適中】

(A) 3　　　　(B) 2.4　　　　(C) 2　　　　(D) 1.2

正確解答：

戶外安全梯之構造：

對外開口面積（非屬開設窗戶部分）應在二平方公尺以上。

（C）4. 有關防火建築物由室內經陽台再進入樓梯間的特別安全梯，自室內通往該陽台的出入口門扇，距地界大於 3 m，此門扇至少應設置何種以上的防火性能？　【適中】

(A) 具有半小時以上防火時效之防火門

(B) 具一小時以上防火時效，無阻熱性能之防火門

(C) 具一小時以上防火時效及半小時以上阻熱性能之防火門

(D) 免具防火時效的不燃材料門

正確解答：

特別安全梯之構造：

自室內通陽臺或進入排煙室之出入口，應裝設具有一小時以上防火時效及半小時以上阻熱性之防火門。

（D）5. 有關防火門性能之敘述，下列何者錯誤？ 【困難】

(A) 戶外安全梯之出入口應有具一小時以上防火時效及半小時以上阻熱性之防火門

(B) 室內進入排煙室之出入口，應有具一小時以上防火時效及半小時以上阻熱性之防火門

(C) 自排煙室進入樓梯間之出入口，應有具半小時以上防火時效之防火門

(D) 以室外走廊連接安全梯者，戶外安全梯出入口應有具一小時以上防火時效之防火門

正確解答：

(A) 戶外安全梯

出入口應裝設具有一小時以上防火時效且具有半小時以上阻熱性之防火門。

(B)(C) 特別安全梯之構造：

自室內通陽臺或進入排煙室之出入口，應裝設具有一小時以上防火時效及半小時以上阻熱性之防火門。

(D) 戶外安全梯

但以室外走廊連接安全梯者，其出入口得免裝設防火門。

（A）6. 特別安全梯之構造由室內進入排煙室，再由排煙室進入樓梯間，其二座防火門之規定依序為： 【簡單】

(A) 1 小時防火時效、半小時阻熱性；半小時防火時效

(B) 半小時防火時效、半小時阻熱性；1 小時防火時效

(C) 1 小時防火時效；半小時防火時效、半小時阻熱性

(D) 半小時防火時效；1 小時防火時效、半小時阻熱性

正確解答：

特別安全梯之構造：自室內進入排煙室之出入口，應裝設具有一小時以上防火時效及半小時以上阻熱性之防火門。

七、建築技術規則第 262、263、265 條

關鍵字與法條	條文內容
活動斷層線 【辦法 #4-1】	活動斷層線通過地區，當地縣（市）政府得劃定範圍予以公告，並依下列規定管制： 一、不得興建公有建築物。 二、依非都市土地使用管制規則規定得為建築使用之土地，其建築物高度不得超過二層樓、簷高不得超過七公尺，並限作自用農舍或自用住宅使用。 三、於各種用地內申請建築自用農舍，除其建築物高度不得超過二層樓、簷高不得超過七公尺外，依第五條規定辦理。
活動斷層 不得開發建築範圍 【建築技術規則 #262】	三、活動斷層：依歷史上最大地震規模（M）劃定在下表範圍內者： 表格如下： 前項第六款河岸包括海崖、階地崖及臺地崖。 第一項第一款坵塊圖上其平均坡度超過**百分之五十五**者，不得計入**法定空地面積**；坵塊圖上其平均坡度**超過百分之三十且未逾百分之五十五者，得作為法定空地或開放空間使用，不得配置建築物**。但因地區之發展特性或特殊建築基地之水土保持處理與維護之需要，經直轄市、縣（市）政府另定適用規定者，不在此限。 建築基地跨越山坡地與非山坡地時，其非山坡地範圍有礦場或坑道者，適用第一項第四款規定。
山坡地建築規定 【建築技術規則 #263】	**建築基地應自建築線或基地內通路邊退縮設置人行步道，其退縮距離不得小於一點五公尺，退縮部分得計入法定空地。**但道路或基地內通路邊已設置人行步道者，可合併計算退縮距離。 建築基地具特殊情形，經當地主管建築機關認定未能依前項規定退縮者，得減少其退縮距離或免予退縮；其認定原則由當地主管建築機關定之。 **臨建築線或基地內通路邊第一進之擋土設施各點至路面高度不得大於道路或基地內通路中心線至擋土設施邊之距離，且其高度不得大於六公尺。** 前項以外建築基地內之擋土設施以一比一點五之斜率，依垂直道路或基地內通路方向投影於道路或基地內通路之陰影，最大不得超過道路或基地內通路之中心線。

活動斷層不得開發建築範圍表：

歷史地震規模	不得開發建築範圍
M ≧ 7	斷層帶二外側邊各一百公尺
7 > M ≧ 6	斷層帶二外側邊各五十公尺
M < 6 或無記錄者	斷層帶二外側邊各三十公尺內

關鍵字與法條	條文內容
山坡地建築規定【建築技術規則#265】	基地地面上建築物外牆距離高度一點五公尺以上之擋土設施者，其建築物外牆與擋土牆設施間應有二公尺以上之距離。但建築物外牆各點至高度三點六公尺以上擋土設施間之水平距離，應依左列公式計算： $D \geq \dfrac{H - 3 \cdot 6}{4}$ H：擋土設施各點至坡腳之高度。 D：建築物外牆各點及擋土設施間之水平距離。

重點整理：

1. 活動斷層線：不得興建公有建築物、建築物高度不得超過二層樓、簷高不得超過七公尺，並限作自用農舍或自用住宅使用。

2. 活動斷層線：不得開發建築範圍，斷層帶二外側邊各一百公尺。

3. 坡度：超過**55%**者，不得計入法定空地面積；超過**30%**且未逾**55%**者，得作為法定空地或開放空間使用，不得配置建築物。

4. **山坡地建築規定**：建築基地應自建築線或基地內通路邊退縮設置人行步道，其退縮距離不得小於一點五公尺，退縮部分得計入法定空地。

5. **臨建築線或基地內通路邊第一進之擋土設施各點至路面高度不得大於道路或基地內通路中心線至擋土設施邊之距離，且其高度不得大於六公尺。**

6. 基地地面上建築物外牆距離高度一點五公尺以上之擋土設施者，其建築物外牆與擋土牆設施間應有二公尺以上之距離。

7. 在地形圖上區劃正方格坵塊計算山坡地之平均坡度，其每邊長不大於二十五公尺。

題庫練習：

（D）1. 對於已劃定範圍並公告之活動斷層線（帶）通過地區，有關其建築管理方式，下列敘述何者錯誤？　　　　　　　　　　　　【適中】
(A) 如位於實施都市計畫地區，得依都市計畫法相關規定迅行變更為不可建築用地
(B) 如位於實施區域計畫地區，一律不得興建公有建築物
(C) 如位於實施區域計畫地區且為可建築使用之土地，其建築物高度不得超過 2 層樓、簷高不得超過 7 公尺，並限作自用農舍或自用住宅使用
(D) 如位於行政院核定公告之山坡地範圍，斷層帶二外側邊各 200 公尺內一律不得開發建築

正確解答：

歷史地震規模	不得開發建築範圍
M ≧ 7	**斷層帶二外側邊各一百公尺**

（技則 #262）

（D）2. 依建築技術規則山坡地建築規定，下列何者錯誤？　　　　【簡單】
(A) 在地形圖上區劃正方格坵塊計算山坡地之平均坡度，其每邊長不大於 25 m
(B) 建築基地應自建築線或基地內通路邊退縮設置人行步道，其退縮距離不得小於 1.5 m
(C) 建築物外牆距離高度 1.5 m 以上之擋土設施者，其建築物外牆與擋土設施間應有 2 m 以上之距離
(D) 山坡地坵塊圖上其平均坡度超過 30% 未逾 55% 者，不得計入法定空地面積

正確解答：

(1) **(D)** 坵塊圖上其平均坡度超過 **30%** 且未逾 **55%** 者，得作為法定空地或開放空間使用，不得配置建築物。（技則 #262）

(2) **(C)** 基地地面上建築物外牆距離高度一點五公尺以上之擋土設施者，其建築物外牆與擋土牆設施間應有二公尺以上之距離。（技則 #265）

(3) **(B)** 建築基地應自建築線或基地內通路邊退縮設置人行步道，其退縮距離不得小於一點五公尺，退縮部分得計入法定空地。（技則 #263）

(4) (A) 在地形圖上區劃正方格坵塊，其每邊長不大於二十五公尺。（技則 **#261**）

(C) 3. 依山坡地保育利用條例第 3 條之規定劃定，報請行政院核定公告之山坡地建築基地，臨建築線的第一進擋土牆，最大可建高度為多少 m？ 【適中】

(A) 3.6　　　(B) 4.5　　　(C) 6　　　(D) 9

正確解答：

臨建築線或基地內通路邊第一進之擋土設施各點至路面高度不得大於道路或基地內通路中心線至擋土設施邊之距離，且其高度不得大於六公尺。（技則 **#263**）

(D) 4. 有關山坡地建築設計之退縮原則，下列何者錯誤？ 【適中】
(A) 人行步道退縮
(B) 自擋土牆坡腳退縮
(C) 自高度 1.5 m 以上之擋土設施退縮
(D) 自地界線退縮

正確解答：

(A)(D) 建築基地應自建築線或基地內通路邊退縮設置人行步道，其退縮距離不得小於一點五公尺，退縮部分得計入法定空地。（技則 **#263**）
(B)(C) 基地地面上建築物外牆距離高度一點五公尺以上之擋土設施者，其建築物外牆與擋土牆設施間應有二公尺以上之距離。（技則 **#265**）

(C) 5. 按建築技術規則山坡地建築專章，砂礫層河岸高度超過 5 m 的山坡地，在退讓不得開發建築的範圍後，下列何者在有適當的邊坡穩定之處理，得有條件開發建築？ 【適中】

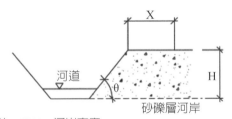

註：(1)H：河岸高度
　　(2)X：不得開發建築範圍
　　　（自河岸頂緣內計之範圍）
　　θ：河岸邊坡角度

(A) 45° ≦ θ < 60° X > 1/2 H　　　(B) 45° ≦ θ < 60° X > 1/3 H

(C) $30° \leqq θ < 45°$ X > 1/2 H　　　(D) $30° \leqq θ < 45°$ X > 1/4 H

正確解答：

坵塊圖上其平均坡度超過 **30%** 且未逾 **55%** 者，得作爲法定空地或開放空間使用，不得配置建築物。（技則 **#262**）

（B）6.　山坡地建築之基地得配置建築物之最大坡度為多少 %（特許事項除外）？　　　　　　　　　　　　　　　　　　　　　　　　【簡單】

(A) 25　　　　　(B) 30　　　　　(C) 35　　　　　(D) 40

正確解答：

坵塊圖上其平均坡度超過 **30%** 且未逾 **55%** 者，得作爲法定空地或開放空間使用，不得配置建築物。（技則 **#262**）

八、建築技術規則第 141、142、144 條

關鍵字與法條	條文內容
防空避難設備之附建標準【建築技術規則 **#141**】	防空避難設備之附建標準依下列規定： 一、非供公眾使用之建築物，其層數在六層以上者，按建築面積全部附建。 二、供公眾使用之建築物： （一）**供戲院、電影院、歌廳、舞廳及演藝場等使用者，按建築面積全部附建。** （二）供學校使用之建築物，按其主管機關核定計畫容納使用人數每人**零點七五平方公尺計算**，整體規劃附建防空避難設備。並應就實際情形於基地內合理配置，且校舍或居室任一點至最近之避難設備步行距離，不得超過三百公尺。 （三）**供工廠使用之建築物，其層數在五層以上者**，按建築面積全部附建，或按目的事業主管機關所核定之投資計畫或設廠計畫書等之設廠人數每人零點七五平方公尺計算，整體規劃附建防空避難設備。 （四）供其他公眾使用之建築物，其層數在五層以上者，按建築面積全部附建。 前項建築物樓層數之計算，不包括整層依獎勵增設停車空間規定設置停車空間之樓層。。
不得超過附建避難設備面積四分之一【建築技術規則	建築物有下列情形之一，經當地主管建築機關審查或勘查屬實者，依下列規定附建建築物防空避難設備： 一、建築基地如確因地質地形無法附建地下或半地下式避難設備者，得建築地面式避難設備。

關鍵字與法條	條文內容
#142】	二、應按建築面積全部附建之建築物，因建築設備或結構上之原因，如昇降機機道之緩衝基坑、機械室、電氣室、機器之基礎，蓄水池、化糞池等固定設備等必須設在地面以下部份，其所佔面積准免補足；並不得超過**附建避難設備面積四分之一**。 三、因重機械設備或其他特殊情形附建地下室或半地下室確實有困難者，得建築地面式避難設備。 四、同時申請建照之建築物，其應附建之防空避難設備得集中附建。但建築物居室任一點至避難設備進出口之步行距離不得超過三百公尺。 五、進出口樓梯及盥洗室、機械停車設備所占面積不視為固定設備面積。 六、供防空避難設備使用之樓層地板面積達到二百平方公尺者，以兼作停車空間為限；未達二百平方公尺者，得兼作他種用途使用，其使用限制由直轄市、縣（市）政府定之。
防空避難設備之設計及構造準則【建築技術規則#144】	防空避難設備之設計及構造準則規定如下： 一、**天花板高度或地板至樑底之高度不得小於二點一公尺。** 二、進出口之設置依下列規定： （一）**面積未達二百四十平方公尺者，應設二處進出口。**其中一處得為通達戶外之爬梯式緊急出口。緊急出口淨寬至少為零點六公尺見方或直徑零點八五公尺以上。 （二）**面積達二百四十平方公尺以上者，應設二處階梯式（包括汽車坡道）進出口，其中一處應通達戶外。** 三、開口部分直接面向戶外者（包括面向地下天井部分），其門窗應為具一小時以上防火時效之防火門窗。室內設有進出口門，應為不燃材料。 四、避難設備露出地面之外牆或進出口上下四周之露天部分或露天頂板，其構造體之鋼筋混凝土厚度不得小於二十四公分。 五、半地下式避難設備，其露出地面部分應小於天花板高度二分之一。 六、避難設備應有良好之通風設備及防水措施。 七、避難室構造應一律為鋼筋混凝土構造或鋼骨鋼筋混凝土構造。

重點整理：

防空避難設備之設計及構造準則規定如下：

1. 天花板高度或地板至樑底之高度不得小於二點一公尺。

2. 進出口之設置依下列規定：

(1) 面積未達二百四十平方公尺者，應設二處進出口。

(2) 面積達二百四十平方公尺以上者，應設二處階梯式（包括汽車坡道）進出口，其中一處應通達戶外。

3. 供防空避難設備使用之樓層地板面積達到 200 平方公尺者，以兼作停車空間為限。

4. 按建築面積全部附建之防空避難設備，其建築固定設備面積不得超過附建避難設備面積 1/4。

5. 昇降機機道之緩衝基坑、機械室、電氣室、機器之基礎，蓄水池、化糞池等固定設備等必須設在地面以下部份，其所佔面積准免補足；並不得超過附建避難設備面積四分之一。

6. 供學校使用之建築物，按其主管機關核定計畫容納使用人數每人零點七五平方公尺計算，整體規劃附建防空避難設備。

7. 非供公眾使用之建築物，其層數在六層以上者，按建築面積全部附建。

8. 供戲院、電影院、歌廳、舞廳及演藝場等使用者，按建築面積全部附建。

9. 供工廠使用之建築物，其層數在五層以上者，按建築面積全部附建。

10. 供其他公眾使用之建築物，其層數在五層以上者，按建築面積全部附建。

題庫練習：

(C) 1. 建築技術規則規定建築物附設防空避難設備之設計及構造，下列敘述何者正確？　　　　　　　　　　　　　　　　　　　【適中】
(A) 天花板高度或地板至樑底之高度不得小於 1.7 公尺
(B) 樓地板面積大於 240 平方公尺之防空避難設備須設兩處進出口，小於 240 平方公尺者僅需設置一處即可
(C) 供防空避難設備使用之樓層地板面積達到 200 平方公尺者，以兼作停車空間為限
(D) 法定防空避難設備得免計入容積樓地板面積，中央主管建築機關未指定地區而自行增設者亦得免計

正確解答：

(A) 天花板高度或地板至樑底之高度不得小於二點一公尺。（技則#144）

(B) 面積未達二百四十平方公尺者，應設二處進出口。面積達二百四十平方公尺以上者，應設二處階梯式（包括汽車坡道）進出口，其中一處應通達戶外。（技則#144）

(C) 供防空避難設備使用之樓層地板面積達到二百平方公尺者，以兼作停車空間為限。（技則#142）

(D) 應按建築面積全部附建之建築物，因建築設備或結構上之原因，如昇降機機道之緩衝基坑、機械室、電氣室、機器之基礎、蓄水池、化糞池等固定設備等必須設在地面以下部份，其所佔面積准免補足；並不得超過附建避難設備面積四分之一。（技則#142）

（B）2. 依建築技術規則規定，建築物附建防空避難設備，下列何者錯誤？
【簡單】

(A) 按建築面積全部附建之防空避難設備，其建築固定設備面積不得超過附建避難設備面積1/4

(B) 進出口樓梯與機械停車設備可視為防空避難設備之固定設備面積

(C) 供防空避難設備使用之樓層樓地板面積達200平方公尺者，以兼作停車空間為限

(D) 面積達240平方公尺以上之防空避難設備，應設二處階梯式進出口，其中一處應通達戶外

正確解答：

(A) 應按建築面積全部附建之建築物，因建築設備或結構上之原因，如昇降機機道之緩衝基坑、機械室、電氣室、機器之基礎，蓄水池、化糞池等固定設備等必須設在地面以下部份，其所佔面積准免補足；並不得超過附建避難設備面積四分之一。（技則#142）

(B) 進出口樓梯及盥洗室、機械停車設備所占面積不視為固定設備面積。（技則#142）

(C) 供防空避難設備使用之樓層地板面積達到二百平方公尺者，以兼作停車空間為限。（技則#142）

(D) 面積達二百四十平方公尺以上者，應設二處階梯式（包括汽車坡道）進出口，其中一處應通達戶外。（技則#144）

（B）3. 依建築技術規則建築設計施工編第141條規定，經中央主管建築機關指定之適用地區，非供公眾使用之建築物，其層數在多少層以上者，其防空避難設備應按建築面積全部附建？
【適中】

(A) 5 層　　　　(B) 6 層　　　　(C) 7 層　　　　(D) 8 層

<u>正確解答</u>：

非供公眾使用之建築物，其層數在六層以上者，按建築面積全部附建。

（技則 #141）

(C) 4. 防空避難設備應按建築面積全部附建之建築物，因建築設備或結構上之原因，所設之「固定設備」，其所占面積不超過附建避難設備面積 1/4 者免予補足，下列何者不屬免予補足面積之「固定設備」？【適中】

(A) 蓄水池　　(B) 機電空間　　(C) 機械停車設備　　(D) 昇降機道

(C) 5. 某中學校區內有 4 幢建築物，其防空避難室附建標準為何？

(A) 按建築面積全部附建

(B) 按建築面積之 1/2 附建

(C) 依核定人數以每人 0.75 平方公尺計算整體規劃附建

(D) 防空避難室的規定已全面取消

(B) 6. 依建築技術規則規定，防空避難設備之附建標準，下列何者正確？

【困難】

(A) 五層以上非供公眾使用之建築物，按建築面積全部附建

(B) 二層供演藝場使用之建築物，按建築面積全部附建

(C) 四層供工廠使用之建築物，按建築面積全部附建

(D) 三層供圖書館使用之建築物，按建築面積全部附建

九、建築技術規則第 1（無窗戶居室）、42 條

關鍵字與法條	條文內容
無窗戶居室 【建築技術規則 #1】	三十五、無窗戶居室：具有下列情形之一之居室： （一）依本編第四十二條規定<u>有效採光面積</u>未達該居室樓地板面積百分之<u>五</u>者。 （二）可直接開向戶外或可通達戶外之有效防火避難構造開口，其高度未達一點二公尺，寬度未達七十五公分；如為圓型時直徑未達一公尺者。 （三）樓地板面積超過五十平方公尺之居室，其天花板或天花板下方八十公分範圍以內之<u>有效</u>通風面積未達樓地板面積百分之<u>二</u>者。

關鍵字與法條	條文內容
有效採光範圍計算 **【建築技術規則** **#42】**	建築物外牆依前條規定留設之採光用窗或開口應在有效採光範圍內並依下式計算之： 一、設有居室建築物之外牆高度（採光用窗或開口上端有屋簷時為其頂端部分之垂直距離）（H）與自該部分至其面臨鄰地境界線或同一基地內之他幢建築物或同一幢建築物內相對部分（如天井）之水平距離（D）之比，不得大於下表規定：

	土地使用區	H/D
(1)	住宅區、行政區、文教區	4/1
(2)	商業區	5/1

二、前款外牆臨接道路或臨接深度六公尺以上之永久性空地者，免自境界線退縮，且開口應視為有效採光面積。
三、用天窗採光者，有效採光面積按其採光面積之三倍計算。
四、採光用窗或開口之外側設有寬度超過二公尺以上之陽臺或外廊（露臺除外），有效採光面積按其採光面積百分之七十計算。
五、在第一款表所列商業區內建築物；如其水平間距已達五公尺以上者，得免再增加。
六、**住宅區內建築物深度超過十公尺，各樓層背面或側面之採光用窗或開口，應在有效採光範圍內。**

重點整理：

無窗戶居室：

1. 有效採光面積未達該居室**樓地板面積5%**者。

2. 有效防火避難構造開口，其高度未達一點二公尺，寬度未達七十五公分。圓型時直徑未達一公尺者。

3. 樓地板面積超過五十平方公尺之居室，天花板或天花板**下方八十公分範圍以內之有效通風面積未達樓地板面積2%**者。

題庫練習：

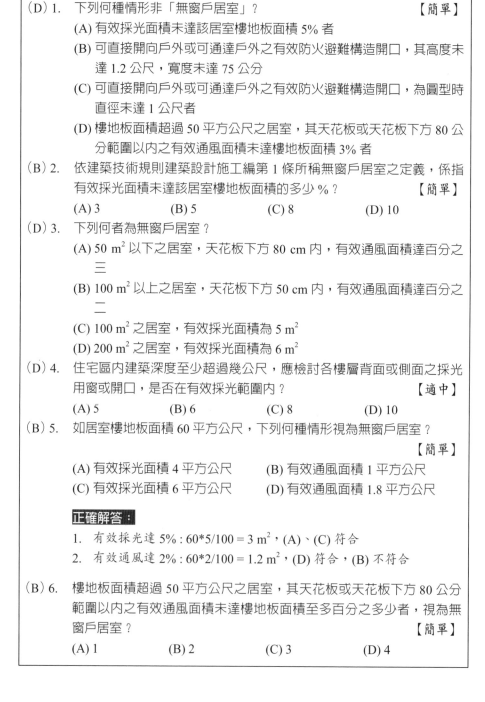

（D）1. 下列何種情形非「無窗戶居室」？　【簡單】
(A) 有效採光面積未達該居室樓地板面積 5% 者
(B) 可直接開向戶外或可通達戶外之有效防火避難構造開口，其高度未達 1.2 公尺，寬度未達 75 公分
(C) 可直接開向戶外或可通達戶外之有效防火避難構造開口，為圓型時直徑未達 1 公尺者
(D) 樓地板面積超過 50 平方公尺之居室，其天花板或天花板下方 80 公分範圍以內之有效通風面積未達樓地板面積 3% 者

（B）2. 依建築技術規則建築設計施工編第 1 條所稱無窗戶居室之定義，係指有效採光面積未達該居室樓地板面積的多少 %？　【簡單】
(A) 3　　　　(B) 5　　　　(C) 8　　　　(D) 10

（D）3. 下列何者為無窗戶居室？
(A) 50 m² 以下之居室，天花板下方 80 cm 內，有效通風面積達百分之三
(B) 100 m² 以上之居室，天花板下方 50 cm 內，有效通風面積達百分之二
(C) 100 m² 之居室，有效採光面積為 5 m²
(D) 200 m² 之居室，有效採光面積為 6 m²

（D）4. 住宅區內建築深度至少超過幾公尺，應檢討各樓層背面或側面之採光用窗或開口，是否在有效採光範圍內？　【適中】
(A) 5　　　　(B) 6　　　　(C) 8　　　　(D) 10

（B）5. 如居室樓地板面積 60 平方公尺，下列何種情形視為無窗戶居室？　【簡單】
(A) 有效採光面積 4 平方公尺　　(B) 有效通風面積 1 平方公尺
(C) 有效採光面積 6 平方公尺　　(D) 有效通風面積 1.8 平方公尺

正確解答：
1. 有效採光達 5%：60*5/100 = 3 m²，(A)、(C) 符合
2. 有效通風達 2%：60*2/100 = 1.2 m²，(D) 符合，(B) 不符合

（B）6. 樓地板面積超過 50 平方公尺之居室，其天花板或天花板下方 80 公分範圍以內之有效通風面積未達樓地板面積至多百分之多少者，視為無窗戶居室？　【簡單】
(A) 1　　　　(B) 2　　　　(C) 3　　　　(D) 4

十、建築技術規則第 1 條〔樓梯（昇降機間）〕

關鍵字與法條	條文內容
樓梯（昇降機）間 【建築技術規則 #1】	六、觀眾席樓地板面積：**觀眾席位及縱、橫通道之樓地板面積**。但不包括吸煙室、放映室、舞臺及觀眾席外面二側及後側之走廊面積。 七、**總樓地板面積**：建築物各層包括**地下層、屋頂突出物及夾層等樓地板**面積之總和。 九、建築物高度：自基地地面計量至建築物最高部分之垂直高度。但**屋頂突出物或非平屋頂建築物之屋頂**，自其頂點往下垂直計量之高度應依下列規定，且**不計入建築物高度**： （一）第十款第一目之屋頂突出物高度在六公尺以內或**有昇降機設備通達屋頂之屋頂突出物高度在九公尺以內**，且屋頂突出物水平投影面積之和，除高層建築物以不超過建築面積百分之十五外，其餘以不超過建築面積百分之十二點五為限，其未達二十五平方公尺者，得建築二十五平方公尺。 （二）水箱、水塔設於屋頂突出物上高度合計在六公尺以內或設於有昇降機設備通達屋頂之屋頂突出物高度在**九公尺**以內或設於屋頂面上高度在二點五公尺以內。 （三）**女兒牆高度在一點五公尺以內**。 （四）第十款第三目至第五目之屋頂突出物。 （五）**非平屋頂建築物之屋頂斜率（高度與水平距離之比）在二分之一以下者**。 （六）非平屋頂建築物之屋頂斜率（高度與水平距離之比）**超過二分之一者，應經中央主管建築機關核可**。 十五、**建築物層數**：**基地地面以上樓層數之和**。但合於第九款第一目之規定者，不作為層數計算；建築物內層數不同者，以最多之層數作為該建築物層數。

重點整理：

1. 不計入建築物高度：

   (1) 昇降機設備通達屋頂之屋頂突出物高度在九公尺以內。

   (2) 女兒牆高度在一點五公尺以內。

   (3) 非平屋頂建築物之屋頂斜率（高度與水平距離之比）在二分之一以下者。

   (4) 非平屋頂建築物之屋頂斜率（高度與水平距離之比）**超過二分之一**

者，應經中央主管建築機關核可。

2. 建築物層數：基地地面以上樓層數之和；建築物內層數不同者，以最多之層數作為該建築物層數。

3. 觀眾席樓地板面積包括：觀眾席位及縱、橫通道之樓地板面積。但不包括吸煙室、放映室、舞臺及觀眾席外面二側及後側之走廊面積。

4. 總樓地板面積：建築物各層包括地下層、屋頂突出物及夾層等樓地板面積之總和。

題庫練習：

（C）1.　依建築技術規則中建築物高度之規定，20 層樓之集合住宅，當昇降機設備通達屋頂平台時，其樓梯（昇降機）間不計入高度最多不得超過多少公尺？　　　　　　　　　　　　　　　　　　　　【簡單】
　　　(A) 3　　　　　(B) 6　　　　　(C) 9　　　　　(D) 12

（B）2.　依據建築技術規則，有關「建築物層數」之敘述，下列何者正確？
　　　　　　　　　　　　　　　　　　　　　　　　　　　　　　　　【簡單】
　　　(A) 為基地地面以上以下所有樓層數之和
　　　(B) 為基地地面以上樓層數之和
　　　(C) 建築物內層數不同者，以平均層數作為該建築物層數
　　　(D) 建築物層數應計入屋突各層

（A）3.　依建築技術規則建築設計施工編第 1 條用語定義，觀眾席樓地板面積必須包括下列何者的面積？　　　　　　　　　　　　　　　【簡單】
　　　(A) 觀眾席縱、橫通道　　　　　(B) 觀眾席前之舞台
　　　(C) 觀眾席外面二側之走廊　　　(D) 觀眾席外面後側之走廊

（B）4.　依建築技術規則之規定，女兒牆高度最高在幾公尺以內，不用計入建築物高度？　　　　　　　　　　　　　　　　　　　　　　【簡單】
　　　(A) 2.0　　　　(B) 1.5　　　　(C) 1.8　　　　(D) 1.2

（C）5.　依建築技術規則建築設計施工編第 1 條用語定義，總樓地板面積得不包括下列何者的面積？　　　　　　　　　　　　　　　【適中】
　　　(A) 地下室　　　(B) 屋頂突出物　　(C) 陽台　　　(D) 電梯廳

十一、建築技術規則第 76 條

關鍵字與法條	條文內容
防火門分為常時關閉式及常時開放式兩種 【建築技術規則 #76】	防火門窗係指防火門及防火窗，其組件包括門窗扇、門窗樘、開關五金、嵌裝玻璃、通風百葉等配件或構材；其構造應依下列規定： 一、防火門窗周邊十五公分範圍內之牆壁應以不燃材料建造。 二、**防火門之門扇寬度應在七十五公分以上，高度應在一百八十公分以上。** 三、常時關閉式之防火門應依左列規定： （一）免用鑰匙即可開啟，並應裝設經開啟後可自行關閉之裝置。 （二）**單一門扇面積不得超過三平方公尺。** （三）不得裝設門止。 （四）門扇或門樘上應標示常時關閉式防火門等文字。 四、**常時開放式之防火門應依左列規定：** （一）**可隨時關閉，並應裝設利用煙感應器連動或其他方法控制之自動關閉裝置**，使能於火災發生時自動關閉。 （二）關閉後免用鑰匙即可開啟，並應裝設經開啟後可自行關閉之裝置。 （三）採用**防火捲門者**，應附設門扇寬度在七十五公分以上，高度在一百八十公分以上之防火門。 五、**防火門應朝避難方向開啟。但供⬚住宅使用及⬚宿舍寢室、⬚旅館客房、⬚醫院病房等連接走廊者，不在此限。**

重點整理：

防火門之規定：

1. 防火門的門扇寬度與高度：應附設門扇寬度在七十五公分以上，高度在一百八十公分以上之防火門。

2. 防火門應朝避難方向開啟：但供 ⬚住 宅使用及 ⬚宿 舍寢室、⬚旅 館客房、⬚醫 院病房等連接走廊者，不在此限。

題庫練習：

（C）1.	建築技術規則中防火門分為常時關閉式及常時開放式兩種，有關防火門之規定，下列何者錯誤？　　　　　　　　　　【適中】 (A) 常時關閉式防火門單一門扇面積不得超過 3 平方公尺 (B) 常時開放式防火門應裝設利用煙感應器連動或其他方法控制之自動

關閉裝置

(C) 防火捲門與防火門兩者構造不同，不得作為防火門使用

(D) 防火門窗周邊 15 公分範圍內之牆壁應以不燃材料建造

（C）2. 關於常時開放式之防火門採用防火捲門時，應附設防火門的門扇寬度
與高度至少應為多少公分？　　　　　　　　　　　　　　【適中】

(A) 寬度 90 公分以上，高度 180 公分以上

(B) 寬度 90 公分以上，高度 190 公分以上

(C) 寬度 75 公分以上，高度 180 公分以上

(D) 寬度 75 公分以上，高度 190 公分以上

（A）3. 一般防火門的門扇寬度至少應在多少公分以上？　　　　　【適中】

(A) 75　　　　　　(B) 90　　　　　　(C) 100　　　　　(D)120

（D）4. 為確定所設計之建築物使用類組是否應為防火構造，應依下列何者之
規定？　　　　　　　　　　　　　　　　　　　　　　　　【適中】

(A) 各類場所消防安全設備設置標準

(B) 建築技術規則「建築設備編」第三章「消防設備」

(C) 建築技術規則「建築構造編」

(D) 建築技術規則「建築設計施工編」

（D）5. 防火門應朝避難方向開啓，但下列何種空間使用不在此限？①住宅②
宿舍寢室③旅館客房④補習班教室⑤演藝廳　　　　　　　【簡單】

(A) ①②④　　　(B) ③④⑤　　　(C) ②③⑤　　　(D) ①②③

十二、建築技術規則第 228 條

關鍵字與法條	條文內容
留設空地之比 商 30、住 15 【建築技術規則#228】	高層建築物之**總樓地板面積與留設空地之比**，不得大於下列各值： 一、**商業區**：**30**。二、**住宅區及其他使用分區**：**15**。

補充說明：

高層建築物之總樓地板面積與留設空地之比：

1. 商業區：**30**。2. 住宅區及其他使用分區：**15**。

題庫練習：

（D）1. 依據建築技術規則之規定，高層建築物之總樓地板面積與留設空地之
比，在商業區不得大於多少？　　　　　　　　　　　　　　　【適中】
(A) 10　　　　　(B)15　　　　　(C)20　　　　　(D)30

（B）2. 建築技術規則有關高層建築物限制之敘述，下列何者正確？①限制總
樓地板面積與留設空地之比②限制地下各層最大樓地板面積③須設置
防災中心④不論高度依落物曲線距離退縮建築　　　　　　　【簡單】
(A) ②③④　　　(B) ①②③　　　(C) ①②④　　　(D) ①③④

（C）3. 高層建築物之總樓地板面積與留設空地之比，於住宅區最大不得大於
多少倍？　　　　　　　　　　　　　　　　　　　　　　　　【適中】
(A) 5　　　　　(B) 10　　　　　(C) 15　　　　　(D) 20

（C）4. 依建築技術規則建築設計施工編第 12 章「高層建築物」之規定，在住
宅區之高層建築物總樓地板面積不得大於其留設之空地的多少倍？
　　　　　　　　　　　　　　　　　　　　　　　　　　　　【適中】
(A) 6　　　　　(B) 10　　　　　(C) 15　　　　　(D) 20

（B）5. 依建築技術規則規定，高層建築物之總樓地板面積與留設空地之比，
在商業區時至多不得大於多少？　　　　　　　　　　　　　　【適中】
(A) 25　　　　　(B) 30　　　　　(C) 35　　　　　(D) 40

十三、建築技術規則第 79、79-2、80、83 條

關鍵字與法條	條文內容
防火構造物之**面積區劃** 【建築技術規則#79】	防火構造建築物總樓地板面積在一、五〇〇平方公尺以上者，應按每一、五〇〇平方公尺，以具有一小時以上防火時效之牆壁、防火門窗等防火設備與該處防火構造之樓地板區劃分隔。防火設備並應具有一小時以上之阻熱性。 前項應予區劃範圍內，如備有效自動滅火設備者，得免計算其有效範圍樓地面板面積之二分之一。 防火區劃之牆壁，應突出建築物外牆面五十公分以上。但與其交接處之外牆面長度有九十公分以上，且該外牆構造具有與防火區劃之牆壁同等以上防火時效者，得免突出。 建築物外牆為帷幕牆者，其外牆面與防火區劃牆壁交接處之構造，仍應依前項之規定。

關鍵字與法條	條文內容
連跨樓層數在三層以下，樓地板 1,500m² 以下之挑空，可不予區劃	防火構造建築物內之**挑空部分**、**昇降階梯間**、安全梯之樓梯間、**昇降機道**、**垂直貫穿樓板之管道間**及其他類似部分，**應以具有一小時以上防火時效之牆壁**、防火門窗等防火設備與該處防火構造之樓地板形成區劃分隔。昇降機道裝設之防火設備應具有遮煙性能。**管道間之維修門並應具有一小時以上防火時效**及遮煙性能。
【建築技術規則 #79-2】	前項昇降機道前設有昇降機間且併同區劃者，昇降機間出入口裝設具有遮煙性能之防火設備時，昇降機道出入口得免受應裝設具遮煙性能防火設備之限制；昇降機間出入口裝設之門非防火設備但開啟後能自動關閉且具有遮煙性能時，昇降機道出入口之防火設備得免受應具遮煙性能之限制。 挑空符合下列情形之一者，得不受第一項之限制： 一、避難層通達直上層或直下層之挑空、樓梯及其他類似部分，其室內牆面與天花板以耐燃一級材料裝修者。 二、**連跨樓層數在三層以下，且樓地板面積在一千五百平方公尺以下之挑空、樓梯及其他類似部分。** 第一項應予區劃之空間範圍內，得設置公共廁所、公共電話等類似空間，其牆面及天花板裝修材料應為耐燃一級材料。
非防火構造之建築物，應按其總樓地板面積每一、○○○平方公尺以具有一小時防火時效 【建築技術規則 #80】	**非防火構造之建築物，其主要構造使用不燃材料建造者，應按其總樓地板面積每一、○○○平方公尺以具有一小時防火時效之牆壁及防火門窗等防火設備予以區劃分隔。** 前項之區劃牆壁應自地面層起，貫穿各樓層而與屋頂交接，並突出建築物外牆面五十公分以上。但與區劃牆壁交接處之外牆有長度九十公分以上，且具有一小時以上防火時效者，得免突出。 第一項之防火設備應具有一小時以上之阻熱性。
樓地板面積超過一○○平方公尺，應按每一○○平方公尺範圍內，以具有一小時以上防火時效。 **但建築物使用類組 H-2 組使用者，區劃面積得增為二○○平方公尺** 【建築技術規則 #83】	建築物自第十一層以上部分，除依第七十九條之二規定之垂直區劃外，應依下列規定區劃： 一、**樓地板面積超過一○○平方公尺，應按每一○○平方公尺範圍內，以具有一小時以上防火時效之牆壁、防火門窗等防火設備與各該樓層防火構造之樓地板形成區劃分隔。但建築物使用類組 H-2 組使用者，區劃面積得增為二○○平方公尺。** 二、自地板面起一・二公尺以上之室內牆面及天花板均使用耐燃一級材料裝修者，得按每二○○平方公尺範圍內，以具有一小時以上防火時效之牆壁、防火門窗等防火設備與各該樓層防火構造之樓地板區劃分隔；供建築物使用類組 H-2 組使用者，區劃面積得增為四○○平方公尺。 三、室內牆面及天花板（包括底材）均以耐燃一級材料裝修者，得按每五○○平方公尺範圍內，以具有一小時以上防火時

關鍵字與法條	條文內容
	效之牆壁、防火門窗等防火設備與各該樓層防火構造之樓地板區劃分隔。 四、前三款區劃範圍內，如備有效自動滅火設備者得免計算其有效範圍樓地面板面積之二分之一。 五、第一款至第三款之防火門窗等防火設備應具有一小時以上之阻熱性。

重點整理：

1. 應以具有一小時以上防火時效：

   挑空部分、昇降階梯間、安全梯之樓梯間、昇降機道、垂直貫穿樓板之管道間及其他類似部分。

2. 管道間之維修門並應具有一小時以上防火時效及遮煙性能。

3. 連跨樓層數在三層以下，樓地板 1,500 m² 以下之挑空，可不予區劃。

4. 非防火構造之建築物，主要構造以不燃材料建造者，防火區劃面積為 **1,000 m²**

5. 建築物十一層以上之樓層，室內牆面及天花板（包括底材）均以耐燃一級材料裝修者，**得按每 500 m² 範圍內**，以具有一小時以上防火時效之牆壁、防火門窗等防火設備與各該樓層防火構造之樓地板區劃分隔。

補充說明：

1. 第 79 條防火構造物之**面積區劃**（通用條款）一小時以上防火時效及阻熱性。

2. 第 79 條 -1 防火構造物之**用途區劃**（通用條款）一小時以上防火時效及阻熱性。

3. 第 80 條不燃材料建造之非防火構造物之**面積區劃**一小時以上防火時效及阻熱性。

4. 第 81 條使用可燃材料建造之非防火構造物之**面積區劃**一小時以上防火時效及阻熱性。

5. 第 83 條高層（11 層以上）建築之**防火區劃**一小時以上防火時效及阻熱性。

6. 第 181 條地下建築物之對外連接部分一小時以上防火時效及阻熱性。

7. 第 97 條室內安全梯出入口一小時以上防火時效及半小時阻熱性。

8. 第 97 條戶外安全梯出入口一小時以上防火時效及半小時阻熱性。

9. 第 97 條特別安全梯之排煙室出入口一小時以上防火時效及半小時阻熱性。

（#79-2 防火構造建築物內之挑空部分、昇降階梯間、安全梯之樓梯間、昇降機道、垂直貫穿樓板之管道間及其他類似部分，應以具有一小時以上防火時效之牆壁、防火門窗等防火設備與該處防火構造之樓地板形成區劃分隔……）

題庫練習：

(C) 1. 防火構造建築物之管道間應有多少（X）小時以上防火時效之牆壁，多少（Y）小時防火時效之維修門？　　　　　　　【適中】
(A)（X）＝ 1，（Y）＝ 0.5　　　(B)（X）＝ 2，（Y）＝ 1
(C)（X）＝ 1，（Y）＝ 1　　　　(D)（X）－ 2，（Y）＝ 2

(C) 2. 有關建築技術規則防火區劃規定之敘述，下列何者錯誤？　　【適中】
(A) 連跨樓層數在三層以下，樓地板 1,500 m² 以下之挑空，可不予區劃
(B) 工廠建築之生產線，得以自成一區劃而免再分隔區劃
(C) 建築物十一層以上之樓層，室內裝修均為耐燃一級者，防火區劃面積為 1,000 m²
(D) 非防火構造之建築物，主要構造以不燃材料建造者，防火區劃面積為 1,000 m²

(B) 3. 下列何種防火設備不需要阻熱性？　　　　　　　　　　　　【適中】
(A) 面積區劃之鐵捲門
(B) 挑空部分垂直區劃之鐵捲門
(C) 進入特別安全梯排煙室之防火門
(D) 進入安全梯之防火門

（C）4. 防火構造建築物內之挑空部分，應以一小時以上防火時效之牆壁、防火門窗等防火設備與該處防火構造之樓地板形成區劃分隔，下列何者得不受限制？（技則 #79-2）　　　　　　　　【適中】

    (A) 連跨樓層數在 4 層以下，且樓地板面積在 1,500 平方公尺以下之挑空

    (B) 連跨樓層數在 4 層以下，且樓地板面積在 2,000 平方公尺以下之挑空

    (C) 連跨樓層數在 3 層以下，且樓地板面積在 1,500 平方公尺以下之挑空

    (D) 連跨樓層數在 3 層以下，且樓地板面積在 2,000 平方公尺以下之挑空

（B）5. 某十層樓高防火構造建築物總樓地板面積 5,000 平方公尺，應按每多少平方公尺，以具有一小時以上防火時效之牆壁、防火門窗等防火設備與該處防火構造之樓地板區劃分隔？（技則 #79）　　　　　　　【適中】

    (A) 1,000　　　　(B) 1,500　　　　(C) 2,000　　　　(D) 2,500

十四、建築技術規則第 259 條

關鍵字與法條	條文內容
1. 防災中心設置位置 2. 具有二小時以上防火時效之牆壁、防火門窗等防火設備及該層防火構造之樓地板予以區劃分隔【建築技術規則 #259】	**高層建築物應依下列規定設置防災中心：** 一、防災中心應設於避難層或其直上層或直下層。 二、樓地板面積不得小於四十平方公尺。 三、**防災中心應以具有二小時以上防火時效之牆壁、防火門窗等防火設備及該處防火構造之樓地板予以區劃分隔**，室內牆面及天花板（包括底材），以耐燃一級材料為限。 四、高層建築物左列各種防災設備，其顯示裝置及控制應設於防災中心： （一）電氣、電力設備。 （二）消防安全設備。 （三）排煙設備及通風設備。 （四）昇降及緊急昇降設備。 （五）連絡通信及廣播設備。 （六）燃氣設備及使用導管瓦斯者，應設置之瓦斯緊急遮斷設備。 （七）其他之必要設備。 高層建築物高度達二十五層或九十公尺以上者，除應符合前項規定外，其防災中心並應具備防災、警報、通報、滅火、消防及其他必要之監控系統設備；其應具功能如左：

關鍵字與法條	條文內容
	一、各種設備之記錄、監視及控制功能。 二、相關設備運動功能。 三、提供動態資料功能。 四、火災處理流程指導功能。 五、逃生引導廣播功能。 六、配合系統型式提供模擬之功能。

重點整理：

高層建築物應依下列規定設置防災中心：

1. 防災中心應設於避難層或其直上層或直下層。

2. 樓地板面積不得小於四十平方公尺。

3. 防災中心應以具有二小時以上防火時效之牆壁、防火門窗等防火設備及該層防火構造之樓地板予以區劃分隔，室內牆面及天花板（包括底材），以耐燃一級材料為限。

題庫練習：

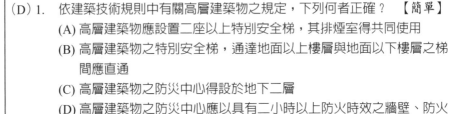

（D）1. 依建築技術規則中有關高層建築物之規定，下列何者正確？【簡單】
(A) 高層建築物應設置二座以上特別安全梯，其排煙室得共同使用
(B) 高層建築物之特別安全梯，通達地面以上樓層與地面以下樓層之梯間應直通
(C) 高層建築物之防災中心得設於地下二層
(D) 高層建築物之防災中心應以具有二小時以上防火時效之牆壁、防火門窗等防火設備予以區劃分隔

（B）2. 建築技術規則有關高層建築物限制之敘述，下列何者正確？①限制總樓地板面積與留設空地之比②限制地下各層最大樓地板面積③須設置防災中心④不論高度依落物曲線距離退縮建築　【簡單】
(A) ②③④　　　(B) ①②③　　　(C) ①②④　　　(D) ①③④

（D）3. 依建築技術規則建築設計施工編第 12 章「高層建築物」之規定，必須設置之排煙室可以由哪些空間共同使用？　【簡單】
(A) 安全梯與機電空間　　　　(B) 安全梯與管道間
(C) 安全梯與安全梯　　　　　(D) 安全梯與緊急昇降機

（B）4. 有關高層建築物之防災中心，下列敘述何者錯誤？　【簡單】
　　(A) 防災中心應設於避難層或其直上層或直下層
　　(B) 樓地板面積不得小於 30 平方公尺
　　(C) 防災中心應以具有 2 小時以上防火時效之牆壁、防火門窗等防火設備及該層防火構造之樓地板予以區劃分隔
　　(D) 室內牆面及天花板（包括底材），以耐燃一級材料為限
（D）5. 高層建築物應依規定設置防災中心，防災中心樓地板面積不得小於多少平方公尺？　【適中】
　　(A) 20 平方公尺　　　　　　　(B) 25 平方公尺
　　(C) 30 平方公尺　　　　　　　(D) 40 平方公尺

十五、建築技術規則第 116-2 條

關鍵字與法條	條文內容					
緊急求救裝置 【建築技術規則 #116-2】	空間種類 ＼ 裝置物名稱	安全維護照明裝置	監視攝影裝置	緊急求救裝置	警戒探測裝置	備註
	（一）停車空間（室內）	○	○	○		
	停車空間（室外）	○	○			
	（二）車道	○	○	○		
	（三）車道出入口	○				
	（五）電梯車廂內		○			
	（十）公共廁所	○		○		
	（十一）室內公共通路走廊			○		

重點整理：

1. 設置一處緊急求救裝置之場所：室內停車空間、車道、公共廁所、室內公共通路走廊。

2. 設置一處監視攝影裝置之場所：室內外停車空間、車道、車道出入口、電梯車廂內。

題庫練習：

（D）1. 依建築技術規則規定，有關建築物安全維護設計，下列供公眾使用之公共空間，何者非屬必須至少設置一處緊急求救裝置之場所？【適中】
(A) 室內停車空間　　　　　　　(B) 公共廁所
(C) 室內公共通路走廊　　　　　(D) 屋頂避難平台出入口

（A）2. 依建築技術規則建築設計施工編規定，供公眾使用建築物的何種空間至少應設置一處以上之緊急求救裝置？①室內停車空間②車道③安全梯間④電梯車廂內　　　　　　　　　　　　　　　　　【困難】
(A) ①②　　　　(B) ②③　　　　(C) ③④　　　　(D) ①④

（B）3. 下列供公眾使用建築物的那些空間至少應設置一處監視攝影裝置？①基地內通路②車道出入口③停車空間④避難層出入口⑤排煙室
(A) ①⑤　　　　(B) ②③　　　　(C) ②④　　　　(D) ④⑤

（D）4. 為強化及維護使用安全，供公眾使用建築物之公共空間，依規定下列何者至少必須設置一處監視攝影裝置？
(A) 安全梯間　　(B) 公共廁所　　(C) 避難層門廳　　(D) 電梯車廂內

十六、建築技術規則第 95、1（直通樓梯）、96 條

關鍵字與法條	條文內容
1. 直通樓梯 2. 建築物使用類組為 A-1 組者。 3. 建築物使用類組為 F-1 組樓層，其病房之樓地板面積超過 100 平方公尺者。 4. 建築物使用類組為 H-1、B-4 組及供集合住宅使用，且該樓層之樓地板面積超過 240 平方公尺者。 5. 供前三目以外用途之使用，其樓地板面積在避難層直上層超過 400	【建築技術規則 #95】 8 層以上之樓層及下列建築物，應自各該層設置二座以上之直通樓梯達避難層或地面： 一、主要構造屬防火構造或使用不燃材料所建造之建築物在避難層以外之樓層供下列使用，或地下層樓地板面積在二百平方公尺以上者。 （一）建築物使用類組為 A-1 集會表演者。 （二）建築物使用類組為 F-1 醫療照護樓層，其病房之樓地板面積超過一百平方公尺者。 （三）建築物使用類組為 H-1 宿舍安養、B-4 旅館及 H-2 供集合住宅使用，且該樓層之樓地板面積超過二百四十平方公尺者。 （四）供前三目以外用途之使用，其樓地板面積在避難層直上層超過四百平方公尺，其他任一層超過二百四十平方公尺者。 二、主要構造非屬防火構造或非使用不燃材料所建造之建築物供前款使用者，其樓地板面積一〇〇平方公尺者應減為五〇平方公尺；樓地板面積二四〇平方公尺者應減

關鍵字與法條	條文內容
平方公尺，其他任一層超過 240 平方公尺者【建築技術規則#95】【建築技術規則#1】	一〇〇平方公尺；樓地板面積四〇〇平方公尺者應減為二〇〇平方公尺。 前項建築物之樓面居室任一點至二座以上樓梯之步行路徑重複部分之長度不得大於本編第九十三條規定之最大容許步行距離二分之一。 **【建築技術規則 #1】** 三十九、直通樓梯：建築物地面以上或以下任一樓層可直接通達避難層或地面之樓梯（包括坡道）。
直通樓梯之構造應具有半小時以上防火時效【建築技術規則#96】	下列建築物依規定應設置之直通樓梯，其構造應改為室內或室外之安全梯或特別安全梯，且自樓面居室之任一點至安全梯口之步行距離應合於本編第九十三條規定： 一、通達三層以上，五層以下之各樓層，直通樓梯應至少有一座為安全梯。 二、通達六層以上，十四層以下或通達地下二層之各樓層，應設置安全梯；**通達十五層以上或地下三層以下之各樓層，應設置戶外安全梯或特別安全梯**。但十五層以上或地下三層以下各樓層之樓地板面未超過一百平方公尺者，戶外安全梯或特別安全梯改設為一般安全梯。 三、通達供本編第九十九條使用之樓層者，應為安全梯，其中至少一座應為戶外安全梯或特別安全梯。但該**樓層位於五層以上者，通達該樓層之直通樓梯均應為戶外安全梯或特別安全梯，並均應通達屋頂避難平臺**。 **直通樓梯之構造應具有半小時以上防火時效。**

重點整理：

1. 八層以上之樓層及下列建築物，應自各該層設置二座以上之直通樓梯達避難層或地面。

2. 供集合住宅使用，且該樓層之樓地板面積超過二百四十平方公尺者，應自該層設置二座以上之直通樓梯達避難層或地面。

3. 直通樓梯之構造應具有半小時以上防火時效。

4. 安全梯及特別安全梯皆為直通樓梯，由建築物地面以上或以下任一樓層可直接通達避難層或地面。

5. 應自各該層設置二座以上之直通樓梯達避難層或地面條件：樓層數、自

樓面居室之任一點至樓梯口之步行距離、樓地板面積

6. 需設置二座以上之直通樓梯達避難層或地面之使用組別之敘述

(1) 建築物使用類組為 A-1 集會表演者二百平方公尺。

(2) 建築物使用類組為 F-1 醫療照護樓層，其病房之樓地板面積超過一平方公尺者。

(3) 建築物使用類組為 H-1 宿舍安養、B-4 旅館及 H-2 供集合住宅使用，且該樓層之樓地板面積超過二百四十平方公尺者。

(4) 供前三目以外用途之使用，其樓地板面積在避難層直上層超過四百平方公尺，其他任一層超過二百四十平方公尺者。

7. 通達 15F 以上或 B3F 以下之各樓層，應設置戶外安全梯或特別安全梯。

題庫練習：

（A）1.	建築物之防火避難設施依建築技術規則規定包括：出入口、走廊、樓梯，有關樓梯之規定，下列何者錯誤？　　　　　　　【簡單】 (A) 6 樓以上建築物應設置兩座樓梯 (B) 安全梯及特別安全梯皆為直通樓梯，由建築物地面以上或以下任一樓層可直接通達避難層或地面 (C) 直通樓梯之構造應具有半小時以上防火時效 (D) 供集合住宅使用，且該樓層之樓地板面積超過 240 平方公尺者，應自該層設置二座以上之直通樓梯達避難層或地面
（D）2.	建築物自避難層以外之樓層，不會因下列何者而應設置二座以上之直通樓梯通達避難層或地面？　　　　　　　　　　　【適中】 (A) 樓層數　　　　　　　(B) 自樓面居室之任一點至樓梯口之步行距離 (C) 樓地板面積　　　　　(D) 樓層高度
（C）3.	有關需設置二座以上之直通樓梯達避難層或地面之使用組別之敘述，下列何者錯誤？ (A) 三層集會堂樓地板面積 500 平方公尺 (B) 病房樓地板面積 200 平方公尺之七層醫療照護機構 (C) 七層集合住宅單層樓地板面積 200 平方公尺 (D) 七層旅館單層之樓地板面積 500 平方公尺

(D) 4. 依建築技術規則建築設計施工編第 96 條之規定，建築物至少幾層高時，其直通樓梯必須為特別安全梯？

(A) 6 　　　(B) 12 　　　(C) 14 　　　(D) 15

十七、建築技術規則第 261 條

關鍵字與法條	條文內容
山坡地建築的平均坡度 【建築技術規則#261】	1. 平均坡度：係指在**比例尺不小於一千二百分之一實測地形圖上**依左列平均坡度計算法得出之坡度值： (1) 在地形圖上區劃正方格坵塊，其**每邊長不大於二十五公尺**。 (2) 每格坵塊各邊及地形圖等高線相交點之點數，記於各方格邊上，再將四邊之交點總和註在方格中間。 2. **公式：S(%) = (n(n*π*h)/(8*L))×100%**

重點整理：

1. 山坡地建築的平均坡度規定。

2. 指在比例尺不小於 1/1200 實測地形圖上得出之坡度值。

3. 在地形圖上區劃正方格坵塊，其**每邊長不大於二十五公尺**。

4. 每格坵塊各邊及地形圖等高線相交點之點數，記於各方格邊上，再將四邊之交點總和註在方格中間。

5. **S(%) = (n(n*π*h)/(8*L))×100%**

6. 坵塊圖上其平均坡度超過 5 5% 者，不得計入 法 定空地面積；

7. 坵塊圖上其平均坡度超過 3 0% 且未逾 55% 者，得作爲法定空地或開放空間使用，不得配置 建 築物。

8. 基地地面上建築物外牆距離高度一點五公尺以上之擋土設施者，其建築物外牆與擋土牆設施間應有二公尺以上之距離。

9. 山坡地建築規定：建築基地應自建築線或基地內通路邊退縮設置人行步道，其退縮距離不得小於 1.5 m，退縮部分得計入法定空地。

題庫練習：

（D）1. 建築技術規則對於山坡地建築的平均坡度規定，下列何者錯誤？
【非常簡單】
(A) 指在比例尺不小於 1/1200 實測地形圖上得出之坡度值
(B) 平均坡度的計算法在地形圖上區劃正方格坵塊，其每邊長不大於 25 公尺
(C) 每格坵塊各邊及地形圖等高線相交點之點數，記於各方格邊上，再將四邊之交點總和註在方格中間
(D) 等高線與方格線交點數越多，代表平均坡度越小

（B）2. 除經直轄市、縣（市）政府另定適用規定者外，依建築技術規則山坡地建築專章，有關山坡地建築基地之坡度敘述，下列何者錯誤？【簡單】
(A) 計算平均坡度時在地形圖上區劃正方格坵塊，其每邊長不大於 25 公尺
(B) 在坵塊圖上，平均坡度超過 30% 者，不得計入法定空地面積
(C) 在坵塊圖上，平均坡度超過 30% 者，不得配置建築物
(D) 計算坡度之實測地形圖比例尺不得小於 1/1200

（D）3. 依建築技術規則山坡地建築規定，下列何者錯誤？ 【簡單】
(A) 在地形圖上區劃正方格坵塊計算山坡地之平均坡度，其每邊長不大於 25 m
(B) 建築基地應自建築線或基地內通路邊退縮設置人行步道，其退縮距離不得小於 1.5 m
(C) 建築物外牆距離高度 1.5 m 以上之擋土設施者，其建築物外牆與擋土設施間應有 2 m 以上之距離
(D) 山坡地坵塊圖上其平均坡度超過 30% 未逾 55% 者，不得計入法定空地面積

（A）4. 山坡地基地所謂之平均坡度（S）計算方式，係指實測地形圖上區劃正方格坵塊，其每邊長（L）不大於 25 m。假設等高線首曲線間距（h）為 1 m，請問當等高線及方格線交點數為 11 時，平均坡度（%）約為多少？
(A) 17　　　　　(B) 9　　　　　(C) 28　　　　　(D) 34

正確解答：
$$S(\%) = (n(n*\pi*h)/(8*L)) \times 100\%$$
$$= (n(11*3.14*1)/(8*25)) \times 100\% = 0.1727*100 = 17.27$$

十八、建築技術規則第 270 ～ 275 條

關鍵字與法條	條文內容
用語定義 【建築技術規則#270】	本章用語定義如下： 一、作業廠房：指供直接生產、儲存或倉庫之作業空間。 二、**廠房附屬空間**：指輔助或便利工業生產設置，可供寄宿及工作之空間。但以供單身員工宿舍、**辦**公室及研究室、**員工餐廳**及相關勞工福利設施使用者為限。
1. 防火時效 2. 作業廠房單層樓地板面積不得小於一百五十平方公尺 【建築技術規則#271】	**作業廠房單層樓地板面積不得小於一百五十平方公尺**。其面積一百五十平方公尺以下之範圍內，不得有固定隔間區劃隔離；面積超過一百五十平方公尺部分，得予適當隔間。 **作業廠房與其附屬空間應以具有一小時以上防火時效之牆壁、樓地板、防火門窗等防火設備區劃用途，並能個別通達避難層、地面或樓梯口。前項防火設備應具有一小時以上之阻熱性。**
附屬空間設置面積 【口訣】： 辦（1/5） 作 300（1/3） 員（1/4） 所有（2/5） 【建築技術規則#272】	廠房附屬空間設置面積應符合下列規定： 一、辦公室（含守衛室、接待室及會議室）及研究室之合計面積不得超過作業廠房面積五分之一。 二、作業廠房面積在**三百平方公尺**以上之工廠，得附設單身員工宿舍，其合計面積不得超過作業廠房面積三分之一。 三、員工餐廳（含廚房）及其他相關勞工福利設施之合計面積不得超過作業廠房面積**四分之一**。 前項附屬空間合計樓地板面積不得超過作業廠房面積之五分之二。
陽臺計入建築面積與該層樓地板面積 【建築技術規則#273】	本編第一條第三款陽臺面積得不計入建築面積及第一百六十二條第一款陽臺面積得不計入該層樓地板面積之規定，**於工廠類建築物不適用之**。
淨高度 【建築技術規則#274】	作業廠房之樓層高度扣除直上層樓板厚度及樑深後之淨高度不得小於**二點七公尺**。
直通樓梯距離 【建築技術規則#275】	工廠類建築物設有二座以上直通樓梯者，其樓梯口相互間之直線距離不得小於建築物區劃範圍對角線長度之半。

重點整理：

1. **廠房附屬空間**：指輔助或便利工業生產設置，可供寄宿及工作之空間。但以供單身員工宿舍、**辦公室及研究室**、**員工餐廳**及相關勞工福利設施使用者為限。

2. 作業廠房單層樓地板面積不得小於一百五十平方公尺。

3. 作業廠房與其附屬空間應以具有一小時以上防火時效之牆壁、樓地板、防火門窗等防火設備區劃用途，並能個別通達避難層、地面或樓梯口。

4. 作業廠房面積在三百平方公尺以上之工廠，得附設單身員工宿舍，其合計面積不得超過作業廠房面積 1/3 。

5. 辦 公室（含守衛室、接待室及會議室）及研究室之合計面積不得超過作業廠房面積 1/ 5 。

6. 員 工餐廳（含廚房）及其他相關勞工福利設施之合計面積不得超過作業廠房面積 1/ 4 。

7. 所有 廠房附屬空間合計樓地板面積不得超過作業廠房面積之 2/5 。

8. 作業廠房之樓層高度淨高度不得小於二點七公尺。

9. 工廠類建築物設有二座以上直通樓梯者，其樓梯口相互間之直線距離不得小於建築物區劃範圍對角線長度之半。

題庫練習：

(C) 1.	依據建築技術規則，有關工廠類建築物之規定，下列敘述何者錯誤？　【適中】
	(A) 作業廠房與其附屬空間應以具有 1 小時以上防火時效之牆壁、樓地板、防火門窗等防火設備區劃用途，並能個別通達避難層、地面或樓梯口
	(B) 工廠類建築物陽臺應計入建築面積與該層樓地板面積
	(C) 作業廠房之樓層淨高最小為 2.3 公尺
	(D) 設有二座以上直通樓梯者，其樓梯口相互間之直線距離不得小於建築物區劃範圍對角線長度之半
(B) 2.	下列何種空間不屬於工廠類建築物之廠房附屬空間？　【適中】
	(A) 守衛室　　(B) 物料倉庫　　(C) 辦公室　　(D) 員工餐廳、廚房
(B) 3.	依建築技術規則工廠類建築物之規定，廠房附屬空間設置面積，下列何者錯誤？　【適中】
	(A) 辦公室及研究室之合計面積不得超過作業廠房面積 1/5

(B) 作業廠房面積 150 m² 以上之工廠，得附設單身員工宿舍，其合計面積不得超過作業廠房面積 1/3

(C) 員工餐廳及其他相關勞工福利設施之合計面積不得超過作業廠房面積 1/4

(D) 所有廠房附屬空間合計樓地板面積不得超過作業廠房面積之 2/5

(B) 4. 依建築技術規則規定，工廠類建築物之「作業廠房」，其單層樓地板面積不得小於多少 m²？　　　　　　　　　　【適中】

(A) 100　　　　(B) 150　　　　(C) 200　　　　(D) 250

十九、建築技術規則第 167 條

關鍵字與法條	條文內容
無需設置無障礙設施？ 【建築技術規則 #167】	為便利行動不便者進出及使用建築物，新建或增建建築物，應依本章規定設置無障礙設施。但符合下列情形之一者，不在此限： 一、獨棟或連棟建築物，該棟自地面層至最上層均屬同一住宅單位且第二層以上僅供住宅使用。 二、供住宅使用之公寓大廈專有及約定專用部分。 三、除公共建築物外，建築基地面積未達一百五十平方公尺或每棟每層樓地板面積均未達一百平方公尺。 前項各款之建築物地面層，仍應設置無障礙通路。 前二項建築物因建築基地地形、垂直增建、構造或使用用途特殊，設置無障礙設施確有困難，經當地主管建築機關核准者，得不適用本章一部或全部之規定。 建築物無障礙設施設計規範，由中央主管建築機關定之。

補充說明：

設置無障礙設施但符合下列情形之一者，不在此限：

1. 除公共建築物外，建築基地面積未達一百五十平方公尺或每棟每層樓地板面積均未達一百平方公尺。

2. **獨棟或連棟建築物，該棟自地面層至最上層均屬同一住宅單位且第二層以上僅供住宅使用，可以不設置無障礙設施，但在地面層仍需設置無障礙通路。**

3. 供住宅使用之公寓大廈專有及約定專用部分。

4. 供住宅使用之公寓大樓在地面層應設置無障礙通路。

題庫練習：

（B）1. 依建築技術規則建築設計施工編第 167 條規定，除公共建築物外，建築基地面積未達多少平方公尺，無需設置無障礙設施？　【適中】
(A) 100　　　　(B) 150　　　　(C) 200　　　　(D) 300

（A）2. 某一建設公司因應市場需求計畫在新北市新建住宅商品，為便利行動不便者進出及使用建築物，該公司依法令所設想的無障礙設施設置原則，下列何者錯誤？　【簡單】
(A) 若以連棟建築物來規劃提供住宅之建築物，則無需設置無障礙設施
(B) 規劃供住宅使用之公寓大樓在專有及約定專用部分無需設置無障礙設施
(C) 規劃供住宅使用之公寓大樓在地面層應設置無障礙通路
(D) 若規劃獨棟建築物，每棟各層皆為同一住宅單位，且第二層以上僅做住宅使用時，可以不設置無障礙設施，但在地面層仍需設置無障礙通路

（C）3. 除地面層無障礙通路外，下列何者可免設無障礙設施？　【適中】
(A) 獨棟建築物，且戶數為 4 戶
(B) 獨棟建築物且整棟為商業使用
(C) 住宅使用之公寓大廈，其約定專用部分
(D) 公共建築，每層樓地板面積均未達 100 平方公尺

（B）4. 依建築技術規則規定，下列新建建築物，何者得免設置無障礙樓梯？　【簡單】
(A) 3 層鄉公所
(B) 3 層獨棟建築物，自地面層至最上層均屬同一住宅單位且第 2 層以上僅供住宅使用
(C) 3 層銀行
(D) 6 層集合住宅

二十、建築技術規則第 167-5、167-7 條

關鍵字與法條	條文內容		
輪椅觀眾席位數量 【建築技術規則 #167-5】	固定座椅席位數量（個）	輪椅觀眾席位數量（個）	固定座椅席位數量（個）增加倍數
	50	1	每增加 100 固定座椅席位數量（個）/ 增加 1（個）
	51～150	2	
	151～250	3	
	251～350	4	
	351～450	5	
	451～550	6	
	551～700	7	每增加 250 固定座椅席位數量（個）/ 增加 1（個）
	701～850	8	
	851～1000	9	
	1001～1250	10	每增加 500 固定座椅席位數量（個）/ 增加 1（個）
	1251～1500	11	
	1501～1750	12	
	1751～2000	13	
	超過 2000 個固定座椅席位者，超過部分**每增加 500 固定座椅席位數量（個）/ 增加 1（個）**輪椅觀眾席位		
無障礙客房數量 【建築技術規則 #167-7】	客房總數量（間）	無障礙客房數量（間）	
	十六至一百	一	
	一百零一至二百	二	
	二百零一至三百	三	
	三百零一至四百	四	
	四百零一至五百	五	
	五百零一至六百	六	
	超過六百間客房者，超過部分每增加一百間，應增加一間無障礙客房；不足一百間，以一百間計。		

重點整理：

輪椅觀眾席位及客房數量設置：

1. **51～150** 位固定座椅席位數量（個）：需設置 **2** 輪椅觀眾席位數量（個）

2. **151～250** 位固定座椅席位數量（個）：需設置 **3** 輪椅觀眾席位數量（個）

3. 超過 2000 個固定座椅席位者，超過部分**每增加 500** 固定座椅席位數量（個）／增加 **1**（個）輪椅觀眾席位

4. 規模 16～100 間客房之一般旅館，依法至少應設置 1 間無障礙客房

5. 規模 101～200 間客房之觀光旅館，依法至少應設置 2 間無障礙客房

6. 觀眾席地面坡度不得大於 1/50

7. 觀眾席寬度：單一輪椅觀眾席位寬度不得小於 90 公分；有多個輪椅觀眾席位時，每個空間寬度不得小於 85 公分

題庫練習：

（B）1. 某一電影院設有 200 個固定座椅席位者，其輪椅觀眾席位數量不得少於多少個？　　　　　　　　　　　　　　　　　　　【適中】
(A) 2 個　　　　　(B) 3 個　　　　　(C) 4 個　　　　　(D) 5 個

（B）2. 為便利行動不便者進出及使用建築物，新建或增建建築物，依法需設置之無障礙設施或設備之敘述下列何者錯誤？　　　　　【適中】
(A) 建築物供觀覽場使用設有 120 席固定座椅，輪椅觀眾席位數量不得少於 2 席
(B) 超過 2,000 個固定座椅席之劇院，超過部分每增加 450 個固定座椅席位，應增加一個輪椅觀眾席位
(C) 規模 16 間客房之一般旅館，依法至少應設置 1 間無障礙客房
(D) 規模 200 間客房之觀光旅館，依法至少應設置 2 間無障礙客房

（D）3. 有關無障礙設施「輪椅觀眾席位」之規定，下列何者錯誤？　【適中】
(A) 觀眾席地面坡度不得大於 1/50
(B) 單一觀眾席位寬度不得小於 90 公分
(C) 多個觀眾席，每個席位寬度不得小於 85 公分
(D) 建築物設有 55 個固定座椅席位者，應設置輪椅觀眾席位 1 個

（C）4. 有關無障礙客房之規定，下列敘述何者錯誤？　　　【非常簡單】

(A) 建築物使用類組 B-4 旅館類者，客房數 80 間者，應設置 1 間無障礙客房

(B) 客房內衛浴設備迴轉空間，其直徑不得小於 135 公分

(C) 客房內床間淨寬度不得小於 60 公分

(D) 客房內求助鈴應至少設置兩處

二十一、建築技術規則第 201、202、205 條

關鍵字與法條	條文內容
地下建築物之**防火區劃合成之構造** 【建築技術規則#201】 【建築技術規則#202】 【建築技術規則#205】	【建築技術規則 #201】 地下使用單元與地下通道間，應以具有一小時以上防火時效之牆壁、防火門窗等防火設備及該處防火構造之樓地板予以區劃分隔。 設有燃氣設備及鍋爐設備之使用單元等，應儘量集中設置，且與其他使用單元之間，應以具有一小時以上防火時效之牆壁、防火門窗等防火設備及該處防火構造之樓地板予以區劃分隔。 【建築技術規則 #202】 地下建築物供**地下使用單元使用**之總樓地板面積在一、○○○**平方公尺以上者，應按每一、○○○平方公尺**，以具有一小時以上防火時效之牆壁、防火門窗等防火設備及該處防火構造之樓地板予以區劃分隔。 **供地下通道使用**，其總樓地板面積在一、五○○**平方公尺以上者，應按每一、五○○平方公尺**，以具有一小時以上防火時效之牆壁、防火門窗等防火設備及該處防火構造之樓地板予以區劃分隔。且每一區劃內，應設有地下通道直通樓梯。 【建築技術規則 #205】 給水管、瓦斯管、配電管及其他管路均應以不燃材料製成，其貫通防火區劃時，貫穿部位與防火區劃合成之構造**應具有二小時以上**之防火時效。

重點整理：

建築物之防火區劃規定：

1. 地下使用單元與地下通道間，應以具有一小時以上防火時效之構造或設備區劃。

2. 供地下使用單元使用之總樓地板面積在一、○○○平方公尺以上者，應按每一、○○○平方公尺，以具有一小時以上防火時效之牆壁、防火門窗等防火設備。

3. 供地下通道使用，其總樓地板面積在一、五○○平方公尺以上者，應按每一、五○○平方公尺，以具有一小時以上防火時效之構造或設備區劃。

4. 給水管貫穿防火區劃時，貫穿部位與防火區劃合成之構造應具有二小時以上之防火時效。

題庫練習：

(D) 1.	有關地下建築物之防火區劃規定之敘述，下列何者錯誤？　【困難】
	(A) 地下使用單元與地下通道間，應以具有 1 小時以上防火時效之構造或設備區劃
	(B) 供地下使用單元使用之總樓地板面積在 1,000 平方公尺以上者，應按每 1,000 平方公尺，以具有 1 小時以上防火時效之構造或設備區劃
	(C) 供地下通道使用，其總樓地板面積在 1,500 平方公尺以上者，應按每 1,500 平方公尺，以具有 1 小時以上防火時效之構造或設備區劃
	(D) 給水管貫穿防火區劃時，貫穿部位與防火區劃合成之構造應具有 1 小時以上之防火時效
(B) 2.	地下建築物供地下使用單元使用之總樓地板面積，應按每多少 m，以具有一小時以上防火時效之牆壁、防火門窗等防火設備及該處防火構造之樓地板予以區劃分隔？　【適中】
	(A) 500　　　(B) 1,000　　　(C) 1,500　　　(D) 2,000
(A) 3.	依建築技術規則建築設計施工編第 11 章「地下建築物」之規定，供地下使用單元使用之總樓地板面積最大每多少平方公尺必須要有一區劃分隔？　【適中】
	(A) 1000　　　(B) 1500　　　(C) 2000　　　(D) 3000
(B) 4.	依建築技術規則規定，地下建築物供地下通道使用之總樓地板面積，至多應按每多少平方公尺以具有一小時以上防火時效之牆壁、防火門窗等防火設備及防火構造之樓地板予以區劃分隔？（技則 #202）【適中】
	(A) 1000　　　(B) 1500　　　(C) 2000　　　(D) 3000

二十二、建築技術規則第 298、305、316 條

關鍵字與法條	條文內容
總樓地板面積達 1000 平方公尺以上新建建築物應設置雨水貯留利用系統及生活雜排水回收再利用系統 【建築技術規則#298】	建築物雨水或生活雜排水回收再利用：指將雨水或生活雜排水貯集、過濾、再利用之設計，其適用範圍為**總樓地板面積達一萬平方公尺以上之新建建築物**。但衛生醫療類（F-1 組）或經中央主管建築機關認可之建築物，不在此限。
基保指標 0.5 【建築技術規則#305】	建築基地應具備原裸露基地涵養或貯留滲透雨水之能力，其建築**基地保水**指標應大於 **0.5** 與基地內應保留法定空地比率之乘積。
雨 4 **生 30** 【建築技術規則#316】	建築物應就設置雨水貯留利用系統或生活雜排水回收再利用系統，擇一設置。設置雨水貯留利用系統者，其**雨水貯留利用率應大於 4%**；設置生活雜排水回收利用系統者，其**生活雜排水回收再利用率應大於 30%**。

重點整理：

1. 建築物設置生活雜排水回收再利用系統，其再利用率至少應**大於30%**。

2. 基地保水指標應大於 0.5 與基地內應保留法定空地比率之乘積。

　　　.

題庫練習：

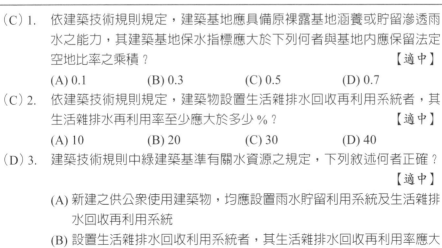

（C）1. 依建築技術規則規定，建築基地應具備原裸露基地涵養或貯留滲透雨水之能力，其建築基地保水指標應大於下列何者與基地內應保留法定空地比率之乘積？ 【適中】

(A) 0.1　　　(B) 0.3　　　(C) 0.5　　　(D) 0.7

（C）2. 依建築技術規則規定，建築物設置生活雜排水回收再利用系統者，其生活雜排水再利用率至少應大於多少％？ 【適中】

(A) 10　　　(B) 20　　　(C) 30　　　(D) 40

（D）3. 建築技術規則中綠建築基準有關水資源之規定，下列敘述何者正確？ 【適中】

(A) 新建之供公眾使用建築物，均應設置雨水貯留利用系統及生活雜排水回收再利用系統

(B) 設置生活雜排水回收利用系統者，其生活雜排水回收再利用率應大

於百分之四
(C) 設置雨水貯留利用系統者，其雨水貯留利用率應大於百分之三十
(D) 基地保水指標應大於 0.5 與基地內應保留法定空地比率之乘積

（D）4. 依綠建築基準，建築物雨水或生活雜排水回收再利用之適用範圍，為總樓地板面積達多少平方公尺以上之新建建築物，但衛生醫療類（F-1組）或經中央主管建築機關認可之建築物，不在此限？（技則 #298）
【簡單】

(A) 5000　　　　(B) 6000　　　　(C) 8000　　　　(D) 10000

二十三、建築技術規則第 99 條

關鍵字與法條	條文內容
屋頂避難平臺設置之面積 【建築技術規則 #99】	建築物在五層以上之樓層供建築物使用類組 A-1：集會表演、B-1：娛樂場所、B-2：商場百貨使用者，應依下列規定設置具有戶外安全梯或特別安全梯通達之屋頂避難平臺： 一、屋頂避難平臺應設置於五層以上之樓層，其面積合計不得小於該棟建築物五層以上最大樓地板面積二分之一。屋頂避難平臺任一邊邊長不得小於六公尺，分層設置時，各處面積均不得小於二百平方公尺，且其中一處面積不得小於該棟建築物五層以上最大樓地板面積三分之一。 二、屋頂避難平臺面積範圍內不得建造或設置妨礙避難使用之工作物或設施，且**通達特別安全梯之最小寬度不得小於四公尺**。 三、屋頂避難平臺之樓地板至少應具有一小時以上之防火時效。 四、**與屋頂避難平臺連接之外牆應具有一小時以上防火時效，開設之門窗應具有半小時以上防火時效**。

重點整理：

1. 屋頂避難平臺應設置於五層以上之樓層，其面積合計不得小於該棟建築物五層以上最大樓地板面積二分之一。

2. 屋頂避難平臺任一邊邊長不得小於六公尺，分層設置時，各處面積均不得小於二百平方公尺，且其中一處面積不得小於該棟建築物五層以上最大樓地板面積三分之一。

3. 建築物在五層以上之樓層供建築物使用類組 A-1：集會表演、B-1：娛樂場所、B-2：商場百貨使用者，應依下列規定設置具有戶外安全梯或

特別安全梯通達之屋頂避難平臺

4. 與屋頂避難平臺連接之外牆應具有一小時以上防火時效，開設之門窗應具有半小時以上防火時效。

5. 通達特別安全梯之最小寬度不得小於四公尺。

題庫練習：

（C）1. 依建築技術規則建築設計施工編之規定，8 層樓高之百貨商場，其屋頂避難平臺除特別安全梯必須通達外，屋頂避難平臺設置之面積合計至少不得小於 5 層以上最大樓地板面積之多少？　　　　　【困難】
(A) 1/4　　　　(B) 1/3　　　　(C) 1/2　　　　(D) 3/4

（ABD）2. 依建築技術規則之規定，有關屋頂避難平臺設置之敘述，下列何者錯誤？　　　　　　　　　　　　　　　　　　　　　　【非常困難】
(A) 設置於五層以上之樓層，邊長至少為 6 m，面積至少 200 m²
(B) 可分層設置，每處面積不得小於五層以上最大樓地板面積 1/3
(C) 通達特別安全梯之最小寬度不得小於 4 m
(D) 連接之外牆及開設之門窗至少具有一小時以上防火時效

（C）3. 有關何種樓梯應通達屋頂避難平台之規定，下列何者正確？　【適中】
(A) 地面層以上之各種安全梯
(B) 通達 15 層以上或地下 3 層以下各樓層，應設備之戶外安全梯或特別安全梯
(C) 通達 5 層以上供集會表演、娛樂場所及商場百貨等使用組別使用之樓層之戶外安全梯或特別安全梯
(D) 樓梯應通達屋頂避難平台之規定，業已取消

二十四、建築技術規則第 108、109 條

關鍵字與法條	條文內容
緊急進口之敘述 【建築技術規則#108】	建築物在二層以上，第十層以下之各樓層，應設置緊急進口。但**面臨道路或寬度四公尺以上之通路，且各層之外牆每十公尺設有窗戶或其他開口者，不在此限。** 前項窗戶或開口寬應在七十五公分以上及高度一‧二公尺以上，或直徑一公尺以上之圓孔，開口之下緣應距樓地板八十公分以下，且無柵欄，或其他阻礙物者。

關鍵字與法條	條文內容
緊急進口之構造 【建築技術規則#109】	緊急進口之構造應依下列規定： 一、進口應設地**面臨道路或寬度在四公尺以上通路之各層外**牆面。 二、**進口之間隔不得大於四十公尺。** 三、進口之**寬度應在七十五公分以上，高度應在一‧二公尺**以上。其開口之下端應**距離樓地板面八十公分**範圍以內。 四、進口應為可自外面開啟或輕易破壞得以進入室內之構造。 五、進口外應設置陽台，其寬度應為一公尺以上，**長度四公尺以上。** 六、進口位置應於其附近以紅色燈作為標幟，並使人明白其為緊急進口之標示。

重點整理：

緊急進口構造：

1. 面臨道路或寬度在四公尺以上之通路，且各層之外牆每十公尺設有窗戶或其他開口者，不在此限。

2. 進口應設地面臨道路或寬度在四公尺以上通路之各層外牆面。

3. 進口之間隔不得大於四十公尺。

4. 寬度應在七十五公分以上，高度應在一百二十公分以上。開口之下端應距離樓地板面八十公分範圍以內。

5. 進口外應設置陽台，其寬度應為一公尺以上，長度四公尺以上。

題庫練習：

（B）1.	有關緊急進口構造之敘述，下列何者錯誤？　　　　　　【適中】 (A) 進口之間隔不得大於 40 公尺 (B) 進口外設置陽台，寬度至少 1 公尺，長度至少 3 公尺，且可自外開啟或輕易破壞進入室內 (C) 進口寬度至少 75 公分，高度至少 120 公分，且開口下端應距離樓地板面 80 公分範圍內 (D) 進口應設於面臨道路或寬度在 4 公尺以上通路之各層外牆面

（B）2. 有關緊急進口之敘述，下列何者錯誤？　　　　　　　　　【簡單】

　　　（A）緊急進口之間隔不得大於 40 公尺

　　　（B）緊急進口之下端應距離樓地板面 100 公分範圍以內

　　　（C）緊急進口之寬度應在 75 公分以上，高度應在 1.2 公尺以上

　　　（D）緊急進口應設在面臨道路或寬度在 4 公尺以上通路之各層外牆面

（C）3. 依下圖，建築物 2 層以上 10 層以下之各樓層，各層外牆於面臨道路或寬度 4 公尺以上之通路，每 10 公尺設有窗戶者，可免設置緊急進口，其外牆長度之計算為何？　　　　　　　　　　【適中】

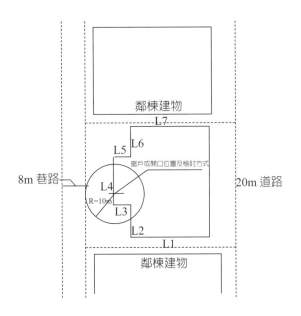

　　　（A）LI＋L2＋L3＋L4＋L5＋L6＋L7　　（B）L2＋L6

　　　（C）L2＋L3＋L4＋L5＋L6　　　　　　　（D）L2＋L4＋L6

二十五、建築技術規則第 164-1 條

關鍵字與法條	條文內容
建築物樓板挑空設計 【建築技術規則 #164-1】	住宅、集合住宅等類似用途建築物樓板挑空設計者，挑空部分之位置、面積及高度應符合下列規定： 一、挑空部分每住宅單位限設一處，應設於客廳或客餐廳之上方，並限於建築物面向道路、公園、綠地等深度達六公尺以上之法定空地或其他永久性空地之方向設置。

關鍵字與法條	條文內容
	二、挑空部分每處面積**不得小於十五平方公尺**，各處面積合計不得超過該基地內建築物允建總容積樓地板面積**十分之一**。 三、**挑空樓層高度不得超過六公尺，其旁側之未挑空部分上、下樓層高度合計不得超過六公尺。** 挑空部分計入容積率之建築物，其挑空部分之位置、面積及高度得不予限制。 第一項用途建築物設置夾層者，僅得於地面層或最上層擇一處設置；設置夾層之樓層高度不得超過六公尺，其未設夾層部分之空間應依第一項第一款及第二款規定辦理。 第一項用途建築物未設計挑空者，地面一層樓層高度不得超過四點二公尺，其餘各樓層之樓層高度均不得超過三點六公尺。但同一戶空間變化需求而採不同樓板高度之構造設計時，其樓層高度最高不得超過四點二公尺。 第一項挑空部分或第三項未設夾層部分之空間，其設置位置、每處最小面積、各處合計面積與第一項、第三項及前項規定之樓層高度限制，**經建造執照預審小組審查同意者，得依其審定結果辦理。**

重點整理：

1. 建築物樓板挑空設計：挑空設計經當地建造執照預審小組審查同意者，得依其審定結果辦理。

2. 挑空部分每住宅單位限設一處，應設於客廳或客餐廳之上方，並限於建築物面向道路、公園、綠地等深度達六公尺以上之法定空地或其他永久性空地之方向設置。

3. 挑空部分每處面積不得小於十五平方公尺，各處面積合計不得超過該基地內建築物允建總容積樓地板面積十分之一。

4. 挑空樓層高度不得超過六公尺，其旁側之未挑空部分上、下樓層高度合計不得超過六公尺。

題庫練習：

（D）1. 依建築技術規則規定有關住宅、集合住宅等類似用途建築物樓板挑空設計，下列敘述何者正確？　　　　　　　　　　　　　　【適中】
(A) 挑空部分每住宅單位限設一處，且應設於客廳或客餐廳之上方，但其面向道路寬度或法定空地並無限制
(B) 每處挑空面積不得小於 25 平方公尺，各處面積合計不得超過該基地內建築物允建總容積樓地板面積 1/8
(C) 挑空樓層高度不得超過 6 公尺，地面層未設計挑空者高度最高為 3.6 公尺
(D) 挑空設計經當地建造執照預審小組審查同意者，得依其審定結果辦理

（A）2. 依建築技術規則建築設計施工編規定，集合住宅建築物樓板挑空設計，下列敘述何者正確？　　　　　　　　　　　　　　　　【適中】
(A) 每單位限設 1 處
(B) 每處面積不得大於 15 平方公尺
(C) 挑空樓層平均高度不得大於 7 公尺
(D) 夾層僅得於 1 或 2 層設置

（C）3. 依建築技術規則建築設計施工編第九章「容積設計」第 164 條之 1 之規定，20 層樓集合住宅之挑空位置得設於何種空間之上方？　【簡單】
(A) 臥室　　　(B) 廚房　　　(C) 客廳　　　(D) 住宅單位之任一處

二十六、建築技術規則第 229、230 條

關鍵字與法條	條文內容
落物曲線距離 【建築技術規則#229】	高層建築物**應自建築線及地界線依落物曲線距離退縮建築**。但建築物高度在五十公尺以下部分得免退縮。 **落物曲線距離為建築物各該部分至基地地面高度平方根之二分之一。**
地下各層最大樓地板面積計算 【建築技術規則#230】	高層建築物之地下**各層最大樓地板面積**計算公式如左： AO ≦ (1 + Q)A/2 AO：地下各層最大樓地板面積。 A：建築基地面積。 Q：該基地之最大建蔽率。 高層建築物因施工安全或停車設備等特殊需要，經預審認定有增加地下各層樓地板面積必要者，得不受前項限制。

重點整理：

高層建築物之規定：

1. 應自建築線及地界線依落物曲線距離退縮建築。

2. 落物曲線距離為建築物各該部分至基地地面高度平方根之二分之一。

3. ①限制總樓地板面積與留設空地之比，②限制地下各層最大樓地板面積，③須設置防災中心。

題庫練習：

（A）1. 高層建築物應自建築線及地界線依落物曲線距離退縮建築。但建築物高度在 50 公尺以下部分得免退縮。落物曲線距離為建築物各該部分至基地地面高度平方根之多少？　　　　　　　　　　【簡單】

(A) 1/2　　　　(B) 1/3　　　　(C) 1/4　　　　(D) 1/5

（AB）2. 依建築技術規則規定，某位於商業區地上 18 層地下 4 層，樓高 81 m 之辦公大樓，其法定建蔽率為 50%，法定容積率為 200%，下列何者錯誤？　　　　　　　　　　　　　　　　　　　　　【非常困難】

(A) 總樓地板面積與留設空地之比不得大於 30%

(B) 建築物高度 50 m 以上部分，應自建築線及地界線退縮建築之最小落物曲線距離為 4 m

(C) 地下室最大開挖率為基地面積之 75%

(D) 出入口緩衝空間最小為寬 6 m，長 12 m

正確解答：

(A) 商業 30 倍／其他（含住宅）15 倍。

(B) 81 開根號 /2 = 4.5 m。

(C)（1+ 建蔽 50%）×50% = 75%（Ao ≦ (1 + 50%) A/2；Ao ≦ A*75%）。

(D) 固定值 6×12m。

（B）3. 建築技術規則有關高層建築物限制之敘述，下列何者正確？①限制總樓地板面積與留設空地之比②限制地下各層最大樓地板面積③須設置防災中心④不論高度依落物曲線距離退縮建築　　　　　　　　　　【簡單】

(A) ②③④　　(B) ①②③　　(C) ①②④　　(D) ①③④

二十七、建築技術規則第 294、295 條

關鍵字與法條	條文內容
樓地板面積 【建築技術規則#294】	老人住宅之臥室，居住人數不得超過二人，其樓地板面積應為九平方公尺以上。
居住單元 【建築技術規則#295】	老人住宅之服務空間，包括下列空間： 一、居室服務空間：居住單元之浴室、廁所、廚房之空間。 二、共用服務空間：建築物門廳、走廊、樓梯間、昇降機間、梯廳、共用浴室、廁所及廚房之空間。 三、公共服務空間：公共餐廳、公共廚房、交誼室、服務管理室之空間。 前項服務空間之設置面積規定如下 一、浴室含廁所者，每一處之樓地板面積應為四平方公尺以上。 二、公共服務空間合計樓地板面積應達居住人數每人二平方公尺以上。 三、居住單元超過十四戶或受服務之老人超過二十人者，應至少提供一處交誼室，其中一處交誼室之樓地板面積不得小於四十平方公尺，並應附設廁所。

重點整理：

老人住宅：

1. 臥室，居住人數不得超過二人，其樓地板面積應為九平方公尺以上。

2. 服務空間之設置，浴室含廁所者，每一處之樓地板面積應為四平方公尺以上。

3. 公共服務空間合計樓地板面積應達居住人數每人二平方公尺以上。

4. 居住單元超過十四戶或受服務之老人超過二十人者，應至少提供一處交誼室，其中一處交誼室之樓地板面積不得小於四十平方公尺，並應附設廁所。

題庫練習：

（D）1.　依建築技術規則老人住宅專章規定，老人住宅之臥室，居住人數不得超過 2 人，其樓地板面積至少應為多少平方公尺以上？　【簡單】
（A）6　　　　　（B）7　　　　　（C）8　　　　　（D）9

（C）2.　依建築技術規則規定，有關老人住宅之設置，下列敘述何者錯誤？
　　　　　　　　　　　　　　　　　　　　　　　　　　　　　【適中】
（A）老人住宅之浴室含廁所者，每一處之樓地板面積應為 4 平方公尺以上
（B）老人住宅之公共服務空間合計樓地板面積應達居住人數每人 2 平方公尺以上
（C）老人住宅之居住單元超過 10 戶或受服務之老人超過 15 人者，應至少提供一處交誼室，其中一處交誼室之樓地板面積不得小於 40 平方公尺，並應附設廁所
（D）老人住宅之臥室，居住人數不得超過 2 人，其樓地板面積應為 9 平方公尺以上

（B）3.　依建築技術規則規定，有關老人住宅，下列敘述何者錯誤？　【適中】
（A）老人住宅之臥室居住人數不得超過 2 人
（B）老人住宅之臥室，其樓地板面積應為 8 平方公尺以上
（C）浴室含廁所者，每一處樓地板面積應為 4 平方公尺以上
（D）公共服務空間合計樓地板面積應達居住人數每人 2 平方公尺以上

二十八、建築技術規則第 321、322 條

關鍵字與法條	條文內容
建築物室內裝修材料【建築技術規則 #321】	建築物應使用綠建材，並符合下列規定： 一、**建築物室內裝修材料、樓地板面材料及窗，其綠建材使用率應達總面積百分之六十以上。**但窗未使用綠建材者，得不計入總面積檢討。 二、建築物戶外地面扣除車道、汽車出入緩衝空間、消防車輛救災活動空間、依其他法令規定不得鋪設地面材料之範圍及地面結構上無須再鋪設地面材料之範圍，**其餘地面部分之綠建材使用率應達百分之二十以上。**
建築物使用綠建材【建築技術規則 #322】	綠建材材料之構成，應符合下列規定之一： 一、**塑橡膠類再生品**：塑橡膠再生品的原料須全部為國內回收塑橡膠，回收塑橡膠**不得含有行政院環境保護署公告之毒性化學物質**。

關鍵字與法條	條文內容
	二、**建築用隔熱材料**：建築用的隔熱材料其產品及製程中不得使用蒙特婁議定書之管制物質且**不得含有環保署公告之毒性化學物質**。 三、水性塗料：不得含有甲醛、鹵性溶劑、汞、鉛、鎘、六價鉻、砷及銻等重金屬，且不得使用三酚基錫（TPT）與三丁基錫（TBT）。 四、回收木材再生品：產品須為回收木材加工再生之產物。 五、**資源化磚類建材**：資源化磚類建材包括陶、瓷、磚、瓦等需經窯燒之建材。其廢料混合攪配之總和使用比率須等於或超過單一廢料攪配比率。 六、**資源回收再利用建材**：資源回收再利用建材係指不經窯燒而回收料摻配比率超過一定比率製成之產品。 七、其他經中央主管建築機關認可之建材。

重點整理：

建築物室內裝修綠建材材料之規定：

1. 建築物室內裝修材料、樓地板面材料及窗，其綠建材使用率應達總面積百分之六十以上。

2. 建築物戶外地面，**其餘地面部分之綠建材使用率應達百分之二十以上**。

3. **塑橡膠類再生品**：塑橡膠再生品的原料須全部為國內回收塑橡膠，回收塑橡膠不得含有行政院環境保護署公告之毒性化學物質。

4. **建築用隔熱材料**：建築用的隔熱材料其產品及製程中不得使用蒙特婁議定書之管制物質且不得含有環保署公告之毒性化學物質。

5. 資源化磚類建材：資源化磚類建材包括陶、瓷、磚、瓦等需經窯燒之建材。其廢料混合攪配之總和使用比率須等於或超過單一廢料攪配比率。

6. 資源回收再利用建材：資源回收再利用建材係指不經窯燒而回收料摻配比率超過一定比率製成之產品。

題庫練習：

（A）1. 依建築法之規定，建築物室內裝修材料應符合下列何項法規之規定？

【非常簡單】

(A) 建築技術規則　　　　　　(B) 營造業管理規則
(C) 建築業管理規則　　　　　(D) 建築師法

（C）2. 建築物應使用綠建材，其適用範圍為供公眾使用建築物及經內政部認定有必要之非供公眾使用建築物，下列敘述何者正確？　　【適中】

(A) 資源回收再利用建材係指經窯燒而回收料摻配比率超過一定比率製成之產品

(B) 建築物室內裝修材料、樓地板面材料及窗，其綠建材使用率應達總面積 15% 以上

(C) 資源化磚類建材包括陶、瓷、磚、瓦等需經窯燒之建材，其廢料混合攪配之總和使用比率須等於或超過單一廢料攪配比率

(D) 建築物戶外地面扣除車道、汽車出入緩衝空間、消防車輛救災活動空間及無須鋪設地面材料部分，其地面材料之綠建材使用率應達 5% 以上

（D）3. 若非特別製程或研發，下列何者不屬綠建材材料之構成？【非常簡單】

(A) 塑橡膠類再生品，並不含有行政院環境保護署公告毒性化學物質

(B) 建築用隔熱材料，並不含有行政院環境保護署公告毒性化學物質

(C) 資源回收再利用建材

(D) 自然礦區開採的花崗、大理等石材

二十九、建築技術規則第 20、21 條

關鍵字與法條	條文內容
危險物品倉庫使用的建築物高度 【建築技術規則 #20】	下列建築物應有符合本節所規定之避雷設備： 一、建築物高度在二十公尺以上者。 二、建築物高度在三公尺以上並作危險物品倉庫使用者（火藥庫、可燃性液體倉庫、可燃性氣體倉庫等）。
保護角： 1. 危險物品倉庫不得超過四十五度外 2. 其他建築物之不得超過六十度 【建築技術規則 #21】	避雷設備受雷部之保護角及保護範圍，應依下列規定： 一、受雷部採用富蘭克林避雷針者，其針體尖端與受保護地面周邊所形成之圓錐體即為避雷針之保護範圍，此圓錐體之頂角之一半即為保護角，除危險物品倉庫之保護角不得超過四十五度外，其他建築物之保護角不得超過六十度。

關鍵字與法條	條文內容
	二、受雷部採用前款型式以外者，應依本規則總則編第四條規定，向中央主管建築機關申請認可後，始得運用於建築物。

重點整理：

建築物避雷設備設置高度：

1. 建築物高度在二十公尺以上者。

2. 建築物高度在三公尺以上並作危險物品倉庫使用者（火藥庫、可燃性液體倉庫、可燃性氣體倉庫等）。

避雷設備保護角：

危險物品倉庫之保護角不得超過四十五度外，其他建築物之保護角不得超過六十度。

題庫練習：

（B）1. 為保護建築物避免遭受雷擊，下列敘述何者錯誤？　【簡單】
　　　 (A) 非危險物品倉庫使用的建築物高度未達 20 公尺時，得免裝設避雷設備
　　　 (B) 危險物品倉庫使用的建築物高度未達 6 公尺時，得免裝設避雷設備
　　　 (C) 非危險物品倉庫使用的建築物，避雷設備受雷部採用富蘭克林避雷針時，保護角不得超過 60 度
　　　 (D) 危險物品倉庫使用的建築物，避雷設備受雷部採用富蘭克林避雷針時，保護角不得超過 45 度

（A）2. 依建築技術規則建築設備編第 20 條規定，作危險物品倉庫使用者，其建築物高度在幾公尺以上，需設置避雷設備？　【適中】
　　　 (A) 3　　　　　 (B) 5　　　　　 (C) 10　　　　　 (D) 20

三十、建築技術規則第 164 條

關鍵字與法條	條文內容
建築物之高度 【建築技術規則 #164】	建築物高度依下列規定： 一、**建築物以三‧六比一之斜率**，依垂直建築線方向投影於面前道路之陰影面積，不得超過基地臨接面前道路之長度與該道路寬度乘積之半，且其陰影最大不得超過面前道路對側境界線；建築基地臨接面前道路之對側有永久性空地，其陰影面積得加倍計算。

重點整理：

建築物高度 ：

1. 高度應受 3.6：1 斜率（高度與水平距離之比值）之限制。

2. 公式：H ≦ 3.6(Sw + D)。

題庫練習：

(D) 1. 依建築技術規則建築設計施工編第 9 章容積管制之規定，在實施容積管制地區建築物之高度至少應符合下列何者條件？　　　　【簡單】
(A) 不得超過基地面前道路寬度之 1.5 倍加 6 公尺
(B) 不得超過基地面前道路寬度之 1.5 倍加 8 公尺
(C) 高度應受 2：1 斜率（高度與水平距離之比值）之限制
(D) 高度應受 3.6：1 斜率（高度與水平距離之比值）之限制

(C) 2. 依建築技術規則之規定，實施容積管制地區某住宅區基地臨接 10 公尺道路，基地內某 A 點至建築線之水平距離為 5 公尺，依規定計算其垂直建築線投影於道路之陰影面積，小於基地臨接道路長度與道路寬度乘積之半，依此條件 A 點之最大高度為多少公尺？　　【適中】
(A) 36　　　　(B) 50　　　　(C) 54　　　　(D) 60

正確解答 ：
H ≦ 3.6(Sw + D)，H ≦ 3.6*(10 + 5) = 54 m【#164】。

(D) 3. 實施容積管制地區，建築物高度依多少比例之斜率，其垂直建築線方向投影於面前道路之陰影面積，不得超過基地臨接面前道路之長度與該道路寬度乘積之半，且其陰影最大不得超過面前道路對側境界線？
　　　　　　　　　　　　　　　　　　　　　　　　　　　　　【適中】
(A) 1.5：1　　　(B) 2.0：1　　　(C) 3.0：1　　　(D) 3.6：1

三十一、建築技術規則第 268 條

關鍵字與法條	條文內容
建築高度 【建築技術規則 #268】	建築物高度除依都市計畫法或區域計畫法有關規定許可者，從其規定外，不得高於法定最大容積率除以法定最大建蔽率之商乘三點六再乘以二，其公式如下： $$H \text{ 建築高度} \leq \frac{\textbf{法定最大容積率}}{\textbf{法定最大建蔽率}} \times 3.6 \times 2$$ 建築物高度因構造或用途等特殊需要，經目的事業主管機關審定有增加其建築物高度必要者，得不受前項限制。

重點整理：

山坡地之建築許可高度，依法定容積率與法定建蔽率之比。

題庫練習：

（C）1. 依建築技術規則山坡地建築規定，若建蔽率 40%，容積率 120% 之建築基地，如不考慮特殊需要或都市（區域）計畫法另有許可規定之情形，下列何者正確？　　　　　　　　　　　　　　【困難】
(A) 地下室最大開挖率為 50%　　　(B) 地下室最大開挖率為 60%
(C) 建築物高度不得超過 21.6 公尺 (D) 建築物高度不得超過 5 層樓

　　正確解答：
　　建築設計施工篇 13 章 267 & 268 條
　　最大地下樓地板面積 A<（1+ 最大建蔽率）* 建築基地面積 /2
　　➡A＜0.7* 建築面積（最大開挖 70%）
　　建築高度 H ≦法定最大容積率 / 法定最大建蔽率 *3.6*2
　　解：120/40*3.6*2 = 21.6 m

（A）2. 山坡地之建築許可高度，除另有規定外，依何種方式計算？　【適中】
(A) 依法定容積率與法定建蔽率之比
(B) 依道路寬度及退縮空地深度
(C) 依地質鑽探調查之地耐力計算
(D) 依設計容積率與設計建蔽率之比

（B）3. 有一位於山坡地之建築物，基地建蔽率為 40%，容積率為 100%，除經目的事業主管機關審定有增加其建築物高度必要者外，其建築物高

度非屬依都市計畫法或區域計畫法有關規定許可者，此其建築物高度至多不得超過多少公尺？　　　　　　　　　　　　　　　　　【適中】

(A) 15　　　　　　(B) 18　　　　　　(C) 21　　　　　　(D) 24

正確解答：

(100/40)×3.6×2 = 18 m

三十二、建築技術規則第 1 條（居室）

關鍵字與法條	條文內容
居室 【建築技術規則 #1】	居室：供**居**住、**工**作、**集**會、**娛**樂、**烹**飪等使用之房間，均稱居室。門廳、走廊、樓梯間、衣帽間、廁所盥洗室、浴室、儲藏室、機械室、車庫等不視為居室。但旅館、住宅、集合住宅、寄宿舍等建築物其衣帽間與儲藏室面積之合計以不超過該層樓地板面積八分之一為原則。

重點整理：

居室：供**居**住、**工**作、**集**會、**娛**樂、**烹**飪等使用之房間，均稱居室。

不視為居室：面積之合計以不超過該層樓地板面積八分之一為原則。

題庫練習：

（B）1.　依建築技術規則建築設計施工編第 1 條用語定義，20 層樓之集合住宅每層樓地板為 200 平方公尺，下列何空間不視為居室？　　　【簡單】
(A)20 平方公尺之客廳　　　　(B)30 平方公尺之門廳
(C)30 平方公尺之廚房　　　　(D)15 平方公尺之臥室

（D）2.　建築物的居室應該設置採光或開口及通風以利健康，但建築技術規則內所謂的居室是指：　　　　　　　　　　　　　　　【非常簡單】
(A) 門廳走廊　　(B) 廁所浴室　　(C) 車庫　　(D) 廚房

三十三、建築技術規則第 9 條

關鍵字與法條	條文內容
建築物可突出之例外規定 【建築技術規則 #9】	可突出建築線之建築物，包括下列各項： 1. **紀念性建築物**：**紀念碑**、紀念塔、紀念銅像、紀念坊等。 2. **公益上有必要之建築物**：候車亭、郵筒、電話亭、警察崗亭等。 3. **臨時性建築物**：**牌樓**、牌坊、裝飾塔、施工架、棧橋等，**短期內有需要而無礙交通者**。 4. **地面下之建築物**：**對公益上有必要之地下貫穿道等，但以不妨害地下公共設施之發展為限。** 5. 高架道路橋面下之建築物。 6. 供公共通行上有必要之架空走廊，而無礙公共安全及交通者。

重點整理：

可突出建築線之建築物：

1. 紀念性建築物：紀念碑。

2. 公益上有必要之建築物。

3. 臨時性建築物：牌樓，短期內有需要而無礙交通者。

4. 地面下之建築物：對公益上有必要之地下貫穿道等，但以不妨害地下公共設施之發展為限。

題庫練習：

（D）1.	下列何種建築物或構造不得突出於建築線之外？　　　【非常簡單】 (A) 紀念性建築物 (B) 公益性建築物 (C) 短期內有需要且無礙交通之建築物 (D) 建築物雨遮
（C）2.	依建築技術規則建築設計施工編第 9 條之規定，下列何者不得視為可突出建築線之建築物？　　　　　　　【簡單】 (A) 紀念碑　　　(B) 牌樓　　　(C) 地下室　　　(D) 架空走廊

三十四、建築技術規則第 32、274 條

關鍵字與法條	條文內容
天花板之淨高度 【建築技術規則 #32】	天花板之淨高度應依下列規定： 一、學校教室不得小於三公尺。 二、其他居室及浴廁不得小於二·一公尺，但高低不同之天花板高度至少應有一半以上大於二·一公尺，**其最低處不得小於一·七公尺。**
淨高度 【建築技術規則 #274】	作業廠房之樓層高度扣除直上層樓板厚度及樑深後之淨高度不得小於**二點七公尺**。

重點整理：

天花板之淨高度：

1. 學校教室不得小於三公尺。

2. 其他居室及浴廁不得小於二·一公尺

3. 作業廠房之不得小於二·七公尺。

4. 但高低不同最低處不得小於一·七公尺。

題庫練習：

（C）1. 居室內斜面天花板淨高之計算，其最低處至多不得小於多少公尺？　　　【適中】

   (A) 2.1　　　　　(B) 1.8　　　　　(C) 1.7　　　　　(D) 1.5

（C）2. 有關天花板淨高之敘述，下列何者錯誤？　　　【簡單】

   (A) 作業廠房不得小於 2.7 公尺　　(B) 學校教室不得小於 3 公尺

   (C) 辦公室空間不得小於 2.4 公尺　(D) 停車空間不得小於 2.1 公尺

三十五、建築技術規則第 167-2、167-3 條

關鍵字與法條	條文內容
無障礙樓梯設置 【建築技術規則 #167-2】	建築物設置之直通樓梯，至少應有一座為無障礙樓梯。

關鍵字與法條	條文內容
無障礙廁所盥洗室？ 【建築技術規則#167-3】	(1) H2 類住宅或集合住宅外，每幢建築物其地面以上樓層 ≦ 3F 者，至少應設置一處。 (2) 每幢建築物其地面以上樓層 > 3F 者，每增 3F 且有一層以上樓地板面積 ≧ **500 m²**，每 3F/ 處。

重點整理：

无障礙樓梯 ：

1. 建築物設置之直通樓梯

2. 每幢建築物其地面以上樓層 ≦ 3F 者，至少應設置一處。

3. 每幢建築物其地面以上樓層 > 3F 者，每增 3F 且有一層以上樓地板面積 ≧ **500 m²**，每 3F/ 處。

題庫練習：

(A) 1. 辦公大樓建築物其地面以上樓層在三樓以下者，至少應設置一處無障礙廁所盥洗室。超過三層以上，每增加三層且有一層以上之樓地板面積超過多少平方公尺者，應於每增加三層之範圍內分別設置一處無障礙廁所盥洗室？　【簡單】
   (A) 500 平方公尺　　　　　(B) 600 平方公尺
   (C) 800 平方公尺　　　　　(D) 1000 平方公尺

(AB CD) 2. 依建築技術規則規定，無障礙建築物之相關規定與設計規範，下列何者正確？（一律給分）　【非常困難】
   (A) 基地面積 120 m² 之非公共建築物免設置無障礙設施
   (B) 每層樓地板面積 600 m² 之辦公大樓，應每層設置無障礙廁所
   (C) 十二層之辦公大樓，其二座安全梯皆應為無障礙樓梯
   (D) 無障礙樓梯之級高最大為 20 cm，級深最小為 26 cm

三十六、建築技術規則第 33 條

關鍵字與法條	條文內容			
建築物樓梯及平臺之寬度【建築技術規則 #33】	用途類別	樓梯及平臺寬度	級高尺寸	級深尺寸
	一、小學校舍等供兒童使用之樓梯。	**1.4 M 以上**	16 公分以下	26 公分以上
	二、學校校舍、**醫院**、**戲院**、電影院、歌廳、演藝場、商場（包括加工服務部等，其營業面積在一千五百平方公尺以上者），舞廳、遊藝場、集會堂、市場等建築物之樓梯。	**1.4 M 以上**	18 公分以下	26 公分以上
	三、**地面層以上每層之居室樓地板面積超過二百平方公尺**或地下面積超過二百平方公尺者。	**1.2 M 以上**	20 公分以下	24 公分以上
	四、第一、二、三款以外建築物樓梯。	75 公分以上	20 公分以下	21 公分以上

重點整理：

建築物樓梯及平臺之寬度：

1. 小學校舍、醫院、戲院：1.4 M 以上。

2. 地面層以上每層之居室樓地板面積超過二百平方公尺：1.2 M 以上。

題庫練習：

（A）1.　有關建築物樓梯及平臺之寬度，下列敘述何者錯誤？　　　　【簡單】
　　　　(A) 小學校舍等供兒童使用之樓梯，樓梯及平臺寬度需 1.20 公尺以上
　　　　(B) 地面層以上每層之居室樓地板面積超過 200 平方公尺之樓梯及平臺寬度需 1.20 公尺以上

　　　　(C) 戲院樓梯及平臺寬度需 1.40 公尺以上
　　　　(D) 醫院樓梯及平臺寬度需 1.40 公尺以上
（C）2.　依建築技術規則規定，小學校舍等供兒童使用之樓梯，其樓梯及平臺
　　　　寬度至少應為多少公尺以上？　　　　　　　　　　　　　　　【適中】
　　　　(A) 1.20　　　　(B) 1.30　　　　(C) 1.40　　　　(D) 1.60

三十七、建築技術規則第 80 條

關鍵字與法條	條文內容
非防火構造之建築物，主要構造以不燃材料建造者，防火區劃面積為 1,000 m² 【建築技術規則#80】	非防火構造之建築物，其主要構造使用不燃材料建造者，應按其總樓地板面積每一、○○○平方公尺以具有一小時防火時效之牆壁及防火門窗等防火設備予以區劃分隔。 前項之區劃牆壁應自地面層起，貫穿各樓層而與屋頂交接，並突出建築物外牆面五十公分以上。但與區劃牆壁交接處之外牆有長度九十公分以上，且具有一小時以上防火時效者，得免突出。 第一項之防火設備應具有一小時以上之阻熱性。

補充說明：

一、

建築技術規則 11 章 地下建築物 ：第 201、202 條

1. 地下通道與地下使用單元要區劃分隔。【#201】

2. 地下使用單元按每一、○○○平方公尺區劃分隔。【#202】

3. 地下通道按每一、五○○平方公尺區劃分隔。【#202】

建築技術規則 14 章 工廠類建築物 ：第 271 條

作業廠房與附屬空間要區劃分隔。【#271】

二、

1. 非防火構造防火區劃面積五百平方公尺一小時（主構造可燃材料）。

2. 非防火構造防火區劃面積一、○○○平方公尺一小時（主構造不燃材料）。

3. 防火構造防火區劃面積一、五○○平方公尺一小時。

重點整理：

1. 非防火構造**防火區劃**面積五百平方公尺一小時（主構造可燃材料）。

2. 非防火構造**防火區劃**面積一、○○○平方公尺一小時（主構造不燃材料）。

3. 防火構造**防火區劃**面積一、五○○平方公尺一小時。

題庫練習：

（C）1. 有一非防火構造建築物，其主要構造採不燃材料建造，擬依原有合法建築物防火避難設施及消防設備改善辦法改善防火區劃，請問其每一區劃樓地板面積，最大不得大於多少平方公尺？　　【困難】
　　　(A) 2500　　　　(B) 1500　　　　(C) 1000　　　　(D) 500

（C）2. 有關建築技術規則防火區劃規定之敘述，下列何者錯誤？　　【適中】
　　　(A) 連跨樓層數在三層以下，樓地板 1,500 m^2 以下之挑空，可不予區劃
　　　(B) 工廠建築之生產線，得以自成一區劃而免再分隔區劃
　　　(C) 建築物十一層以上之樓層，室內裝修均為耐燃一級者，防火區劃面積為 1,000 m^2
　　　(D) 非防火構造之建築物，主要構造以不燃材料建造者，防火區劃面積為 1,000 m^2

三十八、建築技術規則第 59 條

關鍵字與法條	條文內容				
停車空間【建築技術規則 #59】	類別	建築物用途	都市計畫內區域		都市計畫外區域	
			樓地板面積	設置標準	樓地板面積	設置標準
	第一類	戲院、電影院、歌廳、國際觀光旅館、演藝場、集會堂、舞廳、夜總會、視聽伴唱遊藝場、遊藝場、酒家、展覽場、**辦公室**、金融業、市場、商場、餐廳、飲食店、店鋪、俱樂部、撞球場、理容業、公共浴室、旅遊及運輸業、攝影棚等類似用途建築物。	> 300 m^2	150 m^2/輛	> 300 m^2	250 m^2/輛

關鍵字與法條	條文內容				

類別	建築物用途	都市計畫內區域		都市計畫外區域	
		樓地板面積	設置標準	樓地板面積	設置標準
第一類	住宅、集合住宅等居住用途建築物。	>500 m²	150 m²/輛	>500 m²	300 m²/輛
第三類	旅館、招待所、博物館、科學館、歷史文物館、資料館、美術館、圖書館、陳列館、水族館、音樂廳、文康活動中心、醫院、**殯儀館**、體育設施、**宗教設施**、福利設施等類似用途建築物。	>500 m²	200 m²/輛	>500 m²	350 m²/輛
第四類	**倉庫**、**學校**、**幼稚園**、托兒所、**車輛修配保管**、補習班、屠宰場、工廠等類似用途建築物。	>500 m²	250 m²/輛	>500 m²	350 m²/輛

說明：
(一) **總樓地板面積**之計算**不包括**室內停車空間面積、法定防空避難設施面積、騎樓或門廊、外廊等無牆壁之面積，及**機械房**、變電室、蓄水池、屋頂突出物等類似用途部分。（**儲藏室：應列入計算停車位面積**）
(二) 第二類建築：每一居住單元一輛。
(三) 國際觀光旅館應於基地地面層或法定空地上按其客房數每滿 50 間設置一輛大客車停車位，每設置一輛大客車停車位，減設 3 輛停車位。
(四) 都市計畫內區域屬**第一類**或**第三類**用途之公有建築物，其建築基地達 1500 m² 者，應按其表列規定**加倍附設停車空間**。
(五) **作業廠房**：樓地板面積 > 1500 m² 者，應設一處**裝卸位**；每增加面積 4000 m² 者，應增設一處。

重點整理：

1. 總樓地板面積之計算**不包括**室內停車空間面積、法定防空避難設施面積、騎樓或門廊、外廊等無牆壁之面積，及**機械房、變電室、蓄水池、屋頂突出物等類似用途部分**（**儲藏室：應列入計算停車位面積**）。

2. 都市計畫內區域屬**第一類**或**第三類**用途之公有建築物，其建築基地達 1500 m² 者，應按其表列規定**加倍附設停車空間**。

3. 作業廠房：樓地板面積 > 1500 m² 者，應設一處裝卸位。

題庫練習：

（C）1. 建築法中有關「供公眾使用建築物」及「公有建築物」之定義，影響
其後相關規定。下列敘述何者正確？　　　　　　　　　　【適中】
(A) 位於都市計畫區域內且總樓地板面積達 1,500 平方公尺之供公眾使
用建築物，應加倍附設停車空間
(B) 公有建築物其層數在 4 層以上者，應按建築面積全部附建防空避難
設備
(C) 總樓地板面積在 200 平方公尺以上之補習班即屬於供公眾使用建築
物之範圍
(D) 原供公眾使用建築物變更為他種公眾使用時，主管建築機關應檢查
其構造、設備及室內裝修，免再檢討消防安全設備

（B）2. 假設某一建築基地位於某城市，其停車位設置數量分別依某城市土地
使用分區管制自治條例與建築技術規則有不同之計算結果時，應優先
適用何者？　　　　　　　　　　　　　　　　　　　　　【簡單】
(A) 建築技術規則
(B) 某城市之土地使用分區管制自治條例
(C) 兩者取數量較低者為基準設置
(D) 兩者取數量較高者為基準設置

三十九、建築技術規則第 83 條

關鍵字與法條	條文內容
防火區劃允許最大面積 【建築技術規則 #83】	建築物自第十一層以上部分，除依第七十九條之二規定之垂直區劃外，應依下列規定區劃： 一、樓地板面積超過一○○平方公尺，應按每一○○平方公尺範圍內，以具有一小時以上防火時效之牆壁、防火門窗等防火設備與各該樓層防火構造之樓地板形成區劃分隔。**但建築物使用類組 H-2 組使用者，區劃面積得增為二○○平方公尺。** 二、自地板面起一‧二公尺以上之室內牆面及天花板均使用耐燃一級材料裝修者，得按每二○○平方公尺範圍內，以具有一小時以上防火時效之牆壁、防火門窗等防火設備與各該樓層防火構造之樓地板區劃分隔；**供建築物使用類組 H-2 組使用者，區劃面積得增為四○○平方公尺。** 三、室內牆面及天花板（包括底材）均以耐燃一級材料裝修者，得按每五○○平方公尺範圍內，以具有一小時以上防火時效之牆

關鍵字與法條	條文內容
	壁、防火門窗等防火設備與各該樓層防火構造之樓地板區劃分隔。
	四、前三款區劃範圍內，如備有效自動滅火設備者得免計算其有效範圍樓地面板面積之二分之一。
	五、第一款至第三款之防火門窗等防火設備應具有一小時以上之阻熱性。

重點整理：

建築物自第十一層以上規定：

1. 建築物使用類組 **H-2** 組使用者，區劃面積得增爲二百平方公尺。

2. 室內牆面及天花板均使用耐燃一級材料裝修者，得按**每二百平方公尺範圍內**，以具有一小時以上防火時效之牆壁、防火門窗等防火設備與各該樓層防火構造之樓地板區劃分隔。

3. 室內牆面及天花板（含底材）均以耐燃一級材料裝修，防火區劃允許最大面積一、○○○平方公尺。

題庫練習：

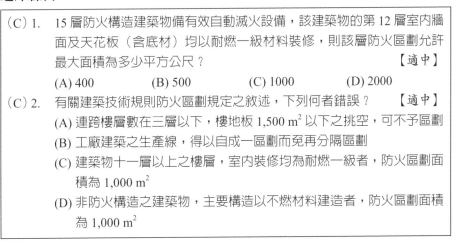

(C) 1. 15 層防火構造建築物備有效自動滅火設備，該建築物的第 12 層室內牆面及天花板（含底材）均以耐燃一級材料裝修，則該層防火區劃允許最大面積為多少平方公尺？ 【適中】

(A) 400　　　(B) 500　　　(C) 1000　　　(D) 2000

(C) 2. 有關建築技術規則防火區劃規定之敘述，下列何者錯誤？ 【適中】

(A) 連跨樓層數在三層以下，樓地板 1,500 m² 以下之挑空，可不予區劃

(B) 工廠建築之生產線，得以自成一區劃而免再分隔區劃

(C) 建築物十一層以上之樓層，室內裝修均為耐燃一級者，防火區劃面積為 1,000 m²

(D) 非防火構造之建築物，主要構造以不燃材料建造者，防火區劃面積為 1,000 m²

四十、建築技術規則第 92 條

關鍵字與法條	條文內容		
走廊地板面有高低時，其坡度不得超過【建築技術規則 #92】	走廊之設置應依下列規定： 一、供下表所列用途之使用者，走廊寬度依其規定：		
	走廊配置用途	走廊二側有居室者	其他走廊
	建築物使用類組為 D-3、D-4、D-5 組供教室使用部分	二‧四〇公尺以上	一‧八〇公尺以上
	建築物使用類組為 F-1 組	一‧六〇公尺以上	一‧二〇公尺以上
	其他建築物： （一）同一樓層內之居室樓地板面積在二百平方公尺以上（地下層時為一百平方公尺以上）。 （二）同一樓層內之居室樓地板面積未滿二百平方公尺（地下層時為未滿一百平方公尺）。	一‧六〇公尺以上	一‧二〇公尺以上
		一‧二〇公尺以上	
	二、建築物使用類組為 A-1 組者，其觀眾席二側及後側應設置互相連通之走廊並連接直通樓梯。但設於避難層部分其觀眾席樓地板面積合計在三〇〇平方公尺以下及避難層以上樓層其觀眾席樓地板面積合計在一五〇平方公尺以下，且為防火構造，不在此限。觀眾席樓地板面積三〇〇平方公尺以下者，走廊寬度不得小於一‧二公尺；超過三〇〇平方公尺者，每增加六十平方公尺應增加寬度十公分。 三、走廊之地板面有高低時，其**坡度不得超過 1/10**，並不得設置臺階。 四、防火構造建築物內各層連接直通樓梯之走廊牆壁及樓地板應具有一小時以上防火時效，並以耐燃一級材料裝修為限。		

重點整理：

1. 走廊地板面有高低時，其坡度不得超過 **1/10**，並不得設置臺階。

2. 走廊寬度（二側有居室者）：

　建築物使用類組為 D-3、D-4、D-5 組供教室使用部分，二‧四公尺

以上。

建築物使用類組為 F-1 組，一‧六公尺以上。

學校建築單邊走廊——一‧八公尺以上。

但設於避難層部分其觀眾席樓地板面積合計在三○○平方公尺以下及避難層以上樓層其觀眾席樓地板面積合計在一五○平方公尺以下，且為防火構造，不在此限。觀眾席樓地板面積三○○平方公尺以下者，**走廊寬度不得小於一‧二公尺**；超過三○○平方公尺者，每增加六十平方公尺應增加寬度十公分。

題庫練習：

（C）1.	依建築技術規則建築設計施工編第 92 條規定，走廊地板面有高低時，其坡度不得超過幾分之一，並不得設置臺階：　【適中】
	(A) 1/6　　　　(B) 1/8　　　　(C) 1/10　　　　(D) 1/12
（A）2.	有關走廊寬度之規定，下列何者錯誤？　【適中】
	(A) 補習班兩側有居室者—— 1.8 公尺以上
	(B) 醫院走廊兩側有病房者—— 1.6 公尺以上
	(C) 學校建築單邊走廊—— 1.8 公尺以上
	(D) 觀眾席 300 平方公尺以下集會堂之走廊—— 1.2 公尺以上

四十一、建築技術規則第 101 條

關鍵字與法條	條文內容
排煙設備規定 【建築技術規則 #101】	排煙設備之構造，應依下列規定： 一、**每層樓地板面積在五○○平方公尺以內，得以防煙壁區劃**，區劃範圍內任一部份至排煙口之水平距離，不得超過四十五公尺，排煙口之開口面積，不得小於防煙區劃部份樓地板面積百分之二，並應開設在天花板或天花板下八十公分範圍內之外牆，或直接與排煙風道（管）相接。 二、排煙口在平時應保持關閉狀態，需要排煙時，以手搖式裝置，或利用煙感應器連動之自動開關裝置、或搖控式開關裝置予以開啟，其開口門扇之構造應注意不受開放排煙時所發生氣流之影響。

關鍵字與法條	條文內容
	三、排煙口得裝置手搖式開關，開關位置應在距離樓地板面八十公分以上一‧五公尺以下之牆面上。其裝設於天花板者，應垂吊於高出樓地板面一‧八公尺之位置，並應標註淺易之操作方法說明。 四、排煙口如裝設排風機，應能隨排煙口之開啟而自動操作，**其排風量不得小於每分鐘一二○立方公尺**，並不得小於防煙區劃部分之樓地板面積每平方公尺一立方公尺。 五、排煙口、排煙風道（管）及其他與火煙之接觸部分，均應以不燃材料建造，排煙風道（管）之構造，應符合本編第五十二條第三、四款之規定，其貫穿防煙壁部分之空隙，應以水泥砂漿或以不燃材料填充。 六、需要電源之排煙設備，應有緊急電源及配線之設置，並依建築設備編規定辦理。 七、建築物高度超過三十公尺或地下層樓地板面積超過一、○○○平方公尺之排煙設備，應將控制及監視工作集中於中央管理室。

重點整理：

| 排煙設備 |

1. 每層樓地板面積在五○○平方公尺以內，得以防煙壁區劃。

2. 區劃範圍內任一部分至排煙口之水平距離，不得超過四十五公尺。

3. 排煙口之開口面積，**不得小於防煙區劃部份樓地板面積 2%**。

4. 應開設在天花板或天花板下八十公分範圍內之外牆，或直接與排煙風道（管）相接。

5. 排風量不得小於**每分鐘一百二十立方公尺**，並不得小於防煙區劃部分之樓地板面積每平方公尺**一立方公尺**。

題庫練習：

（B）1. 有關排煙設備規定之敘述，下列何者錯誤？　　　　　　　　【適中】
(A) 每層樓地板面積 500 平方公尺以內者，得以防煙壁區劃
(B) 區劃範圍任一部分至排煙口之水平距離，不得超過 30 公尺
(C) 排煙口之開口面積不得小於防煙區劃樓地板面積之 2%

　　　(D) 排煙口應放在天花板或天花板下 80 公分範圍之外牆，或直接與排
　　　　　煙風道相接

(B) 2.　依建築技術規則，有關排煙設備構造之敘述，下列何者正確？【適中】
　　　(A) 排煙口之開口面積，不得小於當層樓地板面積百分之二
　　　(B) 排煙口設於天花板或天花板下 80 公分範圍內之外牆，或直接與排
　　　　　煙風道（管）相接
　　　(C) 防煙壁區劃範圍內任一部分至排煙口之水平距離最多 30 公尺
　　　(D) 排風量至少每分鐘 100 立方公尺，且不得小於防煙區劃樓地板面積
　　　　　每平方公尺 1 立方公尺

四十二、建築技術規則第 110-1 條

關鍵字與法條	條文內容
非防火構造物自基地境界線退縮留設之防火間隔**超過六公尺** 【建築技術規則 #110-1】	非防火構造建築物，除基地鄰接寬度六公尺以上道路或深度六公尺以上之永久性空地側外，建築物應自基地境界線（後側及兩側）退縮留設淨寬一‧五公尺以上之防火間隔。一基地內兩幢建築物間應留設淨寬三公尺以上之防火間隔。 前項**建築物自基地境界線退縮留設之防火間隔超過六公尺之建築物外牆與屋頂部分**，及一基地內二幢建築物間留設之防火間隔**超過十二公尺之建築物外牆與屋頂部分，得**不受本編第八十四條之一應以不燃材料建造或覆蓋之限制。

重點整理：

防火間隔：

1. 建築物自基地境界線退縮留設之防火間隔超過**六公尺**之建築物外牆與屋頂部分。

2. 基地內二幢建築物間留設之防火間隔**超過十二公尺**之建築物外牆與屋頂部分，得不受本編第八十四條之一應以不燃材料建造或覆蓋之限制。

題庫練習：

（D）1.	非防火構造物自基地境界線退縮留設之防火間隔，至少應超過多少公尺以上距離，其建築物之外牆及屋頂得不受不燃材料建造或覆蓋之限制？	【簡單】

　　(A) 3　　　　　(B) 4　　　　　(C) 5　　　　　(D) 6

（D）2.	於基地內設計兩幢木構造建築物，其外牆與屋頂部分無法以不燃材料覆蓋時，其防火間隔至少應為多少公尺？	【適中】

　　(A) 30　　　　　(B) 6　　　　　(C) 10　　　　　(D) 12

四十三、建築技術規則第 114 條

關鍵字與法條	條文內容
設置自動撒水設備？ 【建築技術規則#114】	滅火設備之設置依下列規定： 一、室內消防栓應設置合於左列規定之樓層： （一）建築物在第五層以下之樓層供前條第一款使用，各層之樓地板面積在三〇〇平方公尺以上者；供其他各款使用（學校校舍免設），各層之樓地板面積在五〇〇平方公尺以上者。但建築物為防火構造，合於本編第八十八條規定者，其樓地板面積加倍計算。 （二）建築物在第六層以上之樓層或地下層或無開口之樓層，供前條各款使用，各層之樓地板面積在一五〇平方公尺以上者。但建築物為防火構造，合於本編第八十八條規定者，其樓地板面積加倍計算。 （三）前條第九款規定之倉庫，如為儲藏危險物品者，依其貯藏量及物品種類稱另以行政命令規定設置之。 二、自動撒水設備應設置於左列規定之樓層： （一）建築物在第六層以上，第十層以下之樓層，或地下層或無開口之樓層，供前條第一款使用之舞台樓地板面積在三〇〇平方公尺以上者，供第二款使用，各層之樓地板面積在一、〇〇〇平方公尺以上者；供第三款、第四款（寄宿舍，集合住宅除外）使用，各層之樓地板面積在一、五〇〇平方公尺以上者。 **（二）建築物在第十一層以上之樓層，各層之樓地板面積在一〇〇平方公尺以上者。**

關鍵字與法條	條文內容
	（三）供本編第一一三條第八款使用，應視建築物各部份使用性質就自動撒水設備、水霧自動撒水設備、自動泡沫滅火設備、自動乾粉滅火設備、自動二氧化碳設備或自動揮發性液體設備等選擇設置之，但室內停車空間之外牆開口面積（非屬門窗部分）達二分之一以上，或各樓層防火區劃範圍內停駐車位數在二十輛以下者，免設置。 （四）危險物品貯藏庫，依其物品種類及貯藏量另以行政命令規定設置之。

重點整理：

建築物在第十一層以上之樓層，各層之樓地板面積在一○○平方公尺以上者。

題庫練習：

（A）1.	建築物在第十一層以上的樓層，各層的樓地板面積至少達到多少 m^2 以上時即應設置自動撒水設備？　　　　　　　　　　【適中】 (A) 100　　　　(B) 200　　　　(C) 300　　　　(D) 500
（A）2.	建築物在第十一層以上之樓層，各層之樓地板面積至少在多少 m^2 以上者，應按規定設置自動撒水設備？　　　　　　　　【簡單】 (A) 100　　　　(B) 150　　　　(C) 200　　　　(D) 300

四十四、建築技術規則第 117、119 條

關鍵字與法條	條文內容
「特種建築物」及「特定建築物」之敘述 【建築技術規則 #117】	本章之適用範圍依下列規定： 一、戲院、電影院、**歌廳**、演藝場、電視播送室、電影攝影場、及樓地板面積超過**二百平方公尺**之集會堂。 二、**夜總會**、**舞廳**、室內兒童樂園、遊藝場及酒家、酒吧等，供其使用樓地板面積之和超過二百平方公尺者。 三、商場（包括超級市場、店鋪）、**市場**、餐廳（包括飲食店、咖啡館）等，供其使用樓地板面積之和**超過二百平方公尺**者。但在避難層之店鋪，飲食店以防火牆區劃分開，且可直接通達道路或私設通路者，其樓地板面積免合併計算。

關鍵字與法條	條文內容
	四、旅館、設有病房之醫院、兒童福利設施、公共浴室等、供其使用樓地板面積之和超過二百平方公尺者。 五、學校。 六、博物館、圖書館、美術館、**展覽場**、陳列館、體育館（附屬於學校者除外）、保齡球館、溜冰場、室內游泳池等，供其使用樓地板面積之和超過二百平方公尺者。 七、工廠類，其作業廠房之樓地板面積之和超過五十平方公尺或總樓地板面積超過七十平方公尺者。 八、車庫、車輛修理場所、洗車場、汽車站房、汽車商場（限於在同一建築物內有停車場者）等。 九、倉庫、批發市場、貨物輸配所等，供其使用樓地板面積之和超過一百五十平方公尺者。 十、**汽車加油站**、危險物貯藏庫及其處理場。 十一、總樓地板面積超過一千平方公尺之政府機關及公私團體辦公廳。 十二、屠宰場、污物處理場、殯儀館等，供其使用樓地板面積之和超過二百平方公尺者。
「**特種建築物**」及「**特定建築物**」之敘述 【**建築技術規則**#119】	基地臨接道路境界限之長度限制： 	特定建築物總樓地板面積	臨接道路長度 | 　|---|---| 	< 500 m²	4 公尺 | 	500~1000 m²	6 公尺 | 	1000~2000 m²	8 公尺 | 	> 2000 m²	10 公尺 | 【建築法 #98】 **特種建築物**得經行政院之許可，不適用建築法全部或一部之規定。

補充說明：

內政部審議行政院交議特種建築物申請案處理原則：

內政部審議行政院交議之特種建築物申請案，具有下列情形之一者，得建請行政院核定為特種建築物，免適用建築法全部或一部之規定：

（一）涉及國家機密之建築物。

（二）因用途特殊，適用建築法確有困難之建築物。

（三）因構造特殊，適用建築法確有困難之建築物。

（四）因應重大災難後復建需要，具急迫性之建築物。

（五）其他適用建築法確有困難之建築物。

重點整理：

「**特種建築物**」：特種建築物得經行政院之許可，不適用本法全部或一部之規定。

題庫練習：

（C）1.	有關「特種建築物」及「特定建築物」之敘述，下列何者正確？【適中】
	(A) 特定建築物因用途特殊，得經行政院之許可，不適用建築法全部或一部之規定
	(B) 汽車加油站、學校、市場屬特定建築物之範圍；歌廳、舞廳、夜總會屬特種建築物之範圍
	(C) 免申請建築執照之特種建築物，除涉及國家機密者外，起造人仍應於開工前及完工後，檢具圖說送請當地主管建築機關備查
	(D) 特種建築物其基地超過 2,000 平方公尺者，臨接面前道路之長度不得小於 10 公尺
（D）2.	下列何者不適用建築技術規則特定建築物章所稱特定建築物之適用範圍？　　　　　　　　　　　　　　　　　　　　　　【適中】
	(A) 超級市場總樓地板面積之和達 250 m²
	(B) 展覽場總樓地板面積之和達 250 m²
	(C) 批發市場總樓地板面積之和達 200 m²
	(D) 公私團體辦公廳總樓地板面積之和達 800 m²

四十五、建築技術規則第 133 條

關鍵字與法條	條文內容
學校校舍配置 【建築技術規則 #133】	校舍配置，方位與設備應依下列規定： 一、臨接應留設法定騎樓之道路時，應自建築線退縮騎樓地再加一．五公尺以上建築。 二、臨接建築線或鄰地境界線者，應自建築線或鄰地界線退後三公尺以上建築。

關鍵字與法條	條文內容
	三、教室之方位應適當，並應有適當之人工照明及遮陽設備。 四、校舍配置，應避免聲音發生互相干擾之現象。 五、建築物高度，不得大於二幢建築物外牆中心線水平距離一‧五倍，但相對之外牆均無開口，或有開口但不供教學使用者，不在此限。 六、樓梯間、廁所、圍牆及單身宿舍不受第一款、第二款規定之限制。

重點整理：

校舍配置，方位與設備規定：

1. 臨接留設法定騎樓之道路，建築線退縮騎樓地再加一‧五公尺以上建築。

2. 臨接建築線或鄰地境界線者，自建築線或鄰地界線退後三公尺以上建築。

3. 教室，應有適當之人工照明及遮陽設備。

4. 建築物高度，不得大於二幢建築物外牆中心線水平距離一‧五倍，但相對之外牆均無開口，或有開口但不供教學使用者，不在此限。

題庫練習：

（A）1.	建築技術規則中有關學校校舍配置之規定，下列敘述何者錯誤？【適中】 (A) 建築物高度，不得大於 2 幢建築物外牆中心線水平距離 1.8 倍，但相對之外牆均無開口，或有開口但不供教學使用者，不在此限 (B) 臨接應留設法定騎樓之道路時，應自建築線退縮騎樓地再加 1.5 公尺以上建築 (C) 臨接建築線或鄰地境界線者，應自建築線或鄰地界線退後 3 公尺以上建築 (D) 教室之方位應適當，並應有適當之人工照明及遮陽設備	
（C）2.	學校建築臨接道路應留設法定騎樓之道路時，教室至少應自建築線退縮多少距離？　　　　　　　　　　　　　　　　　　　　　【簡單】	
	(A) 1.5 公尺	(B) 騎樓地
	(C) 騎樓地再加 1.5 公尺	(D) 依高度比（1/3.6）決定退縮線

四十六、建築技術規則第 154 條

關鍵字與法條	條文內容
擋土設備 【建築技術規則 #154】	凡進行挖土、鑽井及沉箱等工程時，應依左列規定採取必要安全措施： 一、應設法防止損壞地下埋設物如瓦斯管、電纜，自來水管及下水道管渠等。 二、應依據地層分布及地下水位等資料所計算繪製之施工圖施工。 三、靠近鄰房挖土，深度超過其基礎時，應依本規則建築構造編中有關規定辦理。 四、**挖土深度在一‧五公尺以上者**，除地質良好，不致發生崩塌或其周圍狀況無安全之虞者外，**應有適當之擋土設備**，並符合本規則建築構造編中有關規定設置。 五、施工中應隨時檢查擋土設備，觀察周圍地盤之變化及時予以補強，並採取適當之排水方法，以保持穩定狀態。 六、拔取板樁時，應採取適當之措施以防止周圍地盤之沉陷。

重點整理：

適當之擋土設備：挖土深度在一‧五公尺以上。

題庫練習：

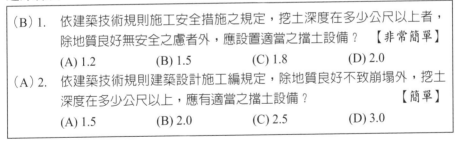

（B）1. 依建築技術規則施工安全措施之規定，挖土深度在多少公尺以上者，除地質良好無安全之虞者外，應設置適當之擋土設備？　【非常簡單】
(A) 1.2　　　(B) 1.5　　　(C) 1.8　　　(D) 2.0

（A）2. 依建築技術規則建築設計施工編規定，除地質良好不致崩塌外，挖土深度在多少公尺以上，應有適當之擋土設備？　【簡單】
(A) 1.5　　　(B) 2.0　　　(C) 2.5　　　(D) 3.0

四十七、建築技術規則第 167-7 條

關鍵字與法條	條文內容
無障礙客房數量【建築技術規則 #167-7】	建築物使用類組為 B-4 組者，其無障礙客房數量不得少於下表規定：

客房總數量（間）	無障礙客房數量（間）
十六至一百	一
一百零一至二百	二
二百零一至三百	三
三百零一至四百	四
四百零一至五百	五
五百零一至六百	六

超過六百間客房者，超過部分每增加一百間，應增加一間無障礙客房不足一百間，以一百間計。

重點整理：

無障礙客房數量 ：

1. 客房總數量十六至一百：無障礙客房數量不得少於一間。

2. 客房總數量一百零一至二百：無障礙客房數量不得少於二間。

3. 客房總數量二百零一至三百：無障礙客房數量不得少於三間。

4. 超過六百間客房者，超過部分每增加一百間，應增加一間無障礙客房不足一百間，以一百間計。

5. 建築物使用類組B-4旅館類者，客房數十五間以下者，免設無障礙客房。

6. 客房內通路寬度不得小於一百二十公分。

7. 客房內求助鈴至少應設置兩處。

題庫練習：

（D）1.　依建築技術規則建築設計施工編之規定，建築物使用類組為 B-4 組者，
　　　　其無障礙客房數量之規定，下列敘述何者正確？　　　　　【適中】
　　　　(A) 客房總數量 251 間時，無障礙客房數量不得少於 2 間
　　　　(B) 客房總數量 451 間時，無障礙客房數量不得少於 4 間
　　　　(C) 客房總數量 651 間時，無障礙客房數量不得少於 6 間
　　　　(D) 客房總數量 751 間時，無障礙客房數量不得少於 8 間

（B）2.　有關無障礙客房規定，下列何者錯誤？　　　　　　　　【非常簡單】
　　　　(A) 建築物使用類組 B-4 旅館類者，客房數 15 間以下者，免設無障礙
　　　　　　客房
　　　　(B) 無障礙客房內可免設置衛浴設備
　　　　(C) 客房內通路寬度不得小於 120 公分
　　　　(D) 客房內求助鈴至少應設置兩處

四十八、建築技術規則第 184 條

關鍵字與法條	條文內容
地下通道之設置規定 【建築技術規則 #184】	地下通道依下列規定： 一、地下通道之寬度**不得小於六公尺**，並不得設置有礙避難通行之設施。 二、地下通道之地板面高度不等時應以坡道連接之，不得設置台階，其坡道應小於 **1/12**，坡道表面並應作止滑處理。 三、地下通道及地下廣場之天花板淨高**不得小於三公尺**，但至天花板下之防煙壁、廣告物等類似突出部份之下端，**得減為二‧五公尺以上**。 四、**地下通道末端不與其他地下通道相連者，應設置出入口通達地面道路或永久性空地，其出入口寬度不得小於該通道之寬度。該末端設有 2 處以上出入口時，其寬度得合併計算。**

重點整理：

地下通道規定：

1. 寬度不得小於六公尺。

2. 坡度應小於 **1/12**，坡道表面並應作止滑處理。

3. 天花板淨高不得小於三公尺，但至天花板下之防煙壁、廣告物等類似
突出部份之下端，得減爲二‧五公尺以上。

4. 地下通道末端不與其他地下通道相連者，應設置出入口通達地面道路或
永久性空地，其出入口寬度不得小於該通道之寬度。該末端設有二處以
上出入口時，其寬度得合併計算。

題庫練習：

（D）1. 建築技術規則有關地下通道之設置規定，下列何者錯誤？ 【適中】
(A) 地下通道之寬度不得小於 6 公尺，並不得設置有礙避難通行之設施
(B) 地下通道之地板面高度不等時應以坡道連接之，不得設置台階，其
坡度應小於 1 比 12，坡道表面並應作止滑處理
(C) 地下通道及地下廣場之天花板淨高不得小於 3 公尺，但至天花板下
之防煙壁、廣告物等類似突出部分之下端，得減為 2.5 公尺以上
(D) 地下通道末端不與其他地下通道相連者，應設置出入口通達地面道
路，其出入口末端設有 2 處以上出入口時，其寬度以較寬者計算

（B）2. 有關地下建築物地下通道規定之敘述，下列何者錯誤？ 【適中】
(A) 地下通道之寬度不得小於 6 m
(B) 地下通道有高低差時其坡道應小於 1：8，並有止滑設施
(C) 地下通道之天花板淨高不得小於 3 m，但有防煙壁、廣告物之處除
外
(D) 地下通道末端，不與其他地下通道相連者，應設出入口通達地面道
路或永久空地

四十九、建築技術規則第 284 條

關鍵字與法條	條文內容
開放空間有效面積 【建築技術規則#284】	本章所稱開放空間有效面積，指開放空間之實際面積與有效係數之乘積。 有效係數規定如下： 一、沿街步道式開放空間，其有效係數為一點五。 二、廣場式開放空間： （一）臨接道路或沿街步道式開放空間長度大於該開放空間全周長八分之一者，其有效係數為一。

關鍵字與法條	條文內容
	（二）臨接道路或沿街步道式開放空間長度小於該開放空間全周長八分之一者，其有效係數為零點六。
	前項開放空間設有頂蓋部分，有效係數應乘以零點八；其建築物地面層為住宅、集合住宅者，應乘以零。
	前二項開放空間與基地地面或臨接道路路面有高低差時，有效係數應依下列規定乘以有效值：
	一、高低差一點五公尺以下者，有效值為一。
	二、高低差超過一點五公尺至三點五公尺以下者，有效值為零點八。
	三、高低差超過三點五公尺至七公尺以下者，有效值為零點六。

題庫練習：

（B）1. 依建築技術規則規定，某住宅區之基地臨接 12 m 與 8 m 道路，其基地面積為 2,000 m²，符合建築基地綜合設計規定，法定建蔽率為 50%，法定容積率為 200%，設計之沿街步道式開放空間之實際面積為 400 m²，其中有頂蓋部分為 100 m²，設計之廣場式開放空間之實際面積為 600 m²，其中有頂蓋部分為 100 m²，另外，設計之公共服務空間面積地面層為 300 m²，二層為 100 m²，其開放空間有效面積為多少 m²？

【非常困難】

(A) 1,000　　　　(B) 1,150　　　　(C) 1,250　　　　(D) 1,350

正確解答：

$\triangle FA = $ 面積 $\times$ 獎勵係數 $/300 \times 1.5 + 100 \times 1.5 \times 0.8 + 500 \times 1 + 100 \times 1 \times 0.8 = 1150$

（B）2. 承上題，依規定本案增加之最大樓地板面積為多少 m²？

(A) 1,120　　　　(B) 1,220　　　　(C) 1,320　　　　(D) 1,520

正確解答：

$\Sigma FA = \triangle FA1$（獎勵）$+ \triangle FA2$（公共）$= 1150 \times 200\% \times 40\% + 300 = 1220$

五十、建築技術規則第 308 條

關鍵字與法條	條文內容
屋頂平均熱傳透率【建築技術規則 #308】	建築物受建築節約能源管制者，其受管制部分之**屋頂平均熱傳透率應低於零點八瓦／（平方公尺·度）**，且當設有水平仰角小於八十度之透光天窗之水平投影面積 HWa 大於一點零平方公尺時，其透光天窗日射透過率 HWs 應低於下表之基準值 HWsc：

重點整理：

1. 屋頂平均熱傳透率應低於零點八瓦／（平方公尺·度）。

2. 影響其建築外殼節約能源之設計：氣候分區、使用類別、立面開窗率及窗面平均日射取得量。

題庫練習：

（A）1. 各類空間屋頂平均熱傳透率應低於多少瓦／（平方公尺·度）？【適中】
(A) 0.8　　　　(B) 1.2　　　　(C) 1.5　　　　(D) 1.7

（D）2. 依建築技術規則綠建築基準中建築物節約能源之規定，下列何者不會影響其建築外殼節約能源之設計？　　　　　　　　　　【簡單】
(A) 氣候分區
(B) 使用類別
(C) 立面開窗率及窗面平均日射取得量
(D) 植栽喬木數量

五十一、建築技術規則第 10 條

關鍵字與法條	條文內容
架空走廊【建築技術規則 #10】	架空走廊之構造應依下列規定： 一、**應為防火構造或不燃材料所建造**，但側牆不能使用玻璃等容易破損之材料裝修。 二、**廊身兩側牆壁之高度應在一·五公尺以上。** 三、架空走廊如穿越道路，其**廊身與路面垂直淨距離不得小於四·六公尺。** 四、廊身支柱不得妨害車道，或影響市容觀瞻。

重點整理：

架空走廊規定 ：

1. 應為防火構造或不燃材料所建造。

2. 廊身兩側牆壁之高度應在一‧五公尺以上。

3. 廊身與路面垂直淨距離不得小於四‧六公尺。

4. 但側牆不能使用玻璃等容易破損之材料裝修。

題庫練習：

（D）1. 有關架空走廊規定之敘述，下列何者錯誤？ 【簡單】
 (A) 廊身兩側牆壁高度應在 1.5 m 以上
 (B) 應為防火構造或不燃材料建造
 (C) 穿越道路部分之垂直淨距離，不得小於 4.6 m
 (D) 各部分應使用玻璃以求視線穿透

（C）2. 依建築技術規則規定，架空走廊如穿越道路，其廊身與路面垂直淨距離最低不得小於多少？ 【簡單】
 (A) 4.2 公尺 　　 (B) 4.4 公尺 　　 (C) 4.6 公尺 　　 (D) 4.8 公尺

五十二、建築技術規則第 167-6 條

關鍵字與法條	條文內容
無障礙停車位數量 【建築技術規則#167-6】	建築物使用類組為 H-2 組住宅或集合住宅，其無障礙停車位數量不得少於下表規定：

停車空間總數量（輛）	無障礙停車位數量（輛）
五十以下	一
五十一至一百五十	**二**
一百五十一至二百五十	**三**
二百五十一至三百五十	四
三百五十一至四百五十	五
四百五十一至五百五十	六
超過五百五十輛停車位者，超過部分每增加一百輛，應增加一輛無障礙停車位；不足一百輛，以一百輛計。	

重點整理：

使用類組為 H-2 組住宅或集合住宅，其無障礙停車位數：

1. 五十輛：一輛

2. 五十一至一百五十：二輛

3. 一百五十一至二百五十：三輛

題庫練習：

（B）1.	新建集合住宅之建築物，依法應設置 250 輛停車位，至少應設置多少無障礙停車位？　　　　　　　　　　　　　　　　　　　　【適中】 (A) 1　　　　　(B) 3　　　　　(C) 4　　　　　(D) 6
（B）2.	某一新建之 H 類老人福利機構建築物，依法設有 100 個停車位，依建築技術規則規定，其無障礙停車位至少應設置幾個？　　　【適中】 (A) 1　　　　　(B) 2　　　　　(C) 3　　　　　(D) 4

五十三、建築技術規則第 298、299 條

關鍵字與法條	條文內容
樓地板面積 【建築技術規則 #298】	本章規定之適用範圍如下： 一、建築基地綠化：指促進植栽綠化品質之設計，其適用範圍為新建建築物。但個別興建農舍及基地面積三百平方公尺以下者，不在此限。 二、建築基地保水：指促進建築基地涵養、貯留、滲透雨水功能之設計，其適用範圍為新建建築物。但本編第十三章山坡地建築、地下水位小於一公尺之建築基地、個別興建農舍及基地面積三百平方公尺以下者，不在此限。 三、建築物節約能源：指以建築物外殼設計達成節約能源目的之方法，其適用範圍為學校類、大型空間類、住宿類建築物，及同一幢或連棟建築物之新建或增建部分之地面層以上樓層（不含屋頂突出物）之樓地板面積合計超過一千平方公尺之其他各類建築物。但符合下列情形之一者，不在此限： （一）機房、作業廠房、非營業用倉庫。 （二）地面層以上樓層（不含屋頂突出物）之樓地板面積在五百平方公尺以下之農舍。

關鍵字與法條	條文內容
	（三）經地方主管建築機關認可之農業或研究用溫室、園藝設施、構造特殊之建築物。 四、建築物雨水或生活雜排水回收再利用：指將雨水或生活雜排水貯集、過濾、再利用之設計，其適用範圍為總樓地板面積達一萬平方公尺以上之新建建築物。但衛生醫療類（F-1 組）或經中央主管建築機關認可之建築物，不在此限。 五、綠建材：指第二百九十九條第十二款之建材；其適用範圍為供公眾使用建築物及經內政部認定有必要之非供公眾使用建築物。
用詞，定義 【建築技術規則 #299】	本章用詞，定義如下： 一、綠化總固碳當量：指基地綠化栽植之各類植物固碳當量與其栽植面積乘積之總和。 二、最小綠化面積：指基地面積扣除執行綠化有困難之面積後與基地內應保留法定空地比率之乘積。 三、基地保水指標：指建築後之土地保水量與建築前自然土地之保水量之相對比值。 四、建築物外殼耗能量：指為維持室內熱環境之舒適性，建築物外周區之空調單位樓地板面積之全年冷房顯熱熱負荷。 五、外周區：指空間之熱負荷受到建築外殼熱流進出影響之空間區域，以外牆中心線五公尺深度內之空間為計算標準。 六、外殼等價開窗率：指建築物各方位外殼透光部位，經標準化之日射、遮陽及通風修正計算後之開窗面積，對建築外殼總面積之比值。 **七、平均熱傳透率：指當室內外溫差在絕對溫度一度時，建築物外殼單位面積在單位時間內之平均傳透熱量。** 八、窗面平均日射取得量：指除屋頂外之建築物所有開窗面之平均日射取得量。 九、平均立面開窗率：指除屋頂以外所有建築外殼之平均透光開口比率。 十、雨水貯留利用率：指在建築基地內所設置之雨水貯留設施之雨水利用量與建築物總用水量之比例。 十一、生活雜排水回收再利用率：指在建築基地內所設置之生活雜排水回收再利用設施之雜排水回收再利用量與建築物總生活雜排水量之比例。 十二、綠建材：指經中央主管建築機關認可符合生態性、再生性、環保性、健康性及高性能之建材。 十三、耗能特性分區：指建築物室內發熱量、營業時程較相近且由同一空調時程控制系統所控制之空間分區。

關鍵字與法條	條文內容
	前項第二款執行綠化有困難之面積，包括消防車輛救災活動空間、戶外預鑄式建築物污水處理設施、戶外教育運動設施、工業區之戶外消防水池及戶外裝卸貨空間、住宅區及商業區依規定應留設之騎樓、迴廊、私設通路、基地內通路、現有巷道或既成道路。

重點整理：

綠建築基準：

1. 建築基地綠化。

2. 建築基地保水。

3. 建築物節約能源。

4. 建築物雨水或生活雜排水回收再利用。

5. 綠建材。

題庫練習：

(C) 1.	建築技術規則之綠建築基準不包括下列何者？①建築基地綠化②建築基地保水③建築物節約能源④廢棄物處理⑤綠建材⑥生物多樣性	
	(A) ①③　　　(B) ②④　　　(C) ④⑥　　　(D) ⑤⑥	
(D) 2.	綠建築中所稱平均熱傳透率，是指當室內外溫差在絕對溫度多少度時，建築物外殼單位面積在單位時間內之平均傳透熱量？　　　　【簡單】	
	(A)1　　　　　(B)2　　　　　(C)3　　　　　(D)5	

五十四、建築技術規則第 1 條

關鍵字與法條	條文內容
依建築法訂定 【建築技術規則#1】	【總則編 #1】 本規則依建築法（以下簡稱本法）第九十七條規定訂之。 【實施都市計畫以外地區建築物管理辦法 #1】 為維護優良農地，確保糧食生產，特依建築法第一百條之規定，訂定本辦法。 【實施區域計畫地區建築管理辦法 #1】 本辦法依建築法第三條第三項規定訂定之。

重點整理：

依建築法訂定：

建築技術規則、實施區域計畫地區建築管理辦法、實施都市計畫以外地區
建築物管理辦法。

題庫練習：

（D）　下列何者不是依建築法訂定？　　　　　　　　　　【適中】 　　　(A) 建築技術規則 　　　(B) 實施區域計畫地區建築管理辦法 　　　(C) 實施都市計畫以外地區建築物管理辦法 　　　(D) 建築師法	

五十五、建築技術規則第 1 條（屋頂突出物）

關鍵字與法條	條文內容
屋頂突出物 【建築技術規則#1】	十、屋頂突出物：突出於屋面之附屬建築物及雜項工作物： （一）樓梯間、昇降機間、無線電塔及機械房。 （二）水塔、水箱、女兒牆、防火牆。 （三）雨水貯留利用系統設備、淨水設備、露天機電設備、煙囪、避雷針、風向器、旗竿、無線電桿及屋脊裝飾物。 （四）突出屋面之管道間、採光換氣或再生能源使用等節能設施。 （五）**突出屋面之三分之一以上透空遮牆、三分之二以上透空立體構架供景觀造型**、屋頂綠化等公益及綠建築設施，其投影面積不計入第九款第一目屋頂突出物水平投影面積之和。但本目與第一目及第六目之屋頂突出物水平投影面積之和，以不超過建築面積百分之三十為限。 （六）其他經中央主管建築機關認可者。

重點整理：

突出屋面之三分之一以上透空遮牆、三分之二以上透空立體構架供景觀造
型，以不超過建築面積百分之三十為限。

題庫練習：

（C）	突出屋面之透空遮牆、透空立體構架供景觀造型，如果要不計入建築物高度，透空至少應分別達多少？　　　　　　　　　　　【適中】 (A) 1/3 以上透空遮牆、1/2 以上透空立體構架 (B) 1/2 以上透空遮牆、1/2 以上透空立體構架 (C) 1/3 以上透空遮牆、2/3 以上透空立體構架 (D) 2/3 以上透空遮牆、1/3 以上透空立體構架

五十六、建築技術規則第 146 條

關鍵字與法條	條文內容
煙囪之構造 【建築技術規則#146】	煙囪之構造除應符合本規則建築構造編、建築設備編有關避雷設備及本編第五十二條、第五十三條規定外，並應依下列規定辦理： 一、磚構造及無筋混凝土構造應補強設施，未經補強之煙囪，其高度應依本編第五十二條第一款規定。 二、混凝土管煙囪，在管之搭接處應以鐵管套連接，並應加設支撐用框架或以斜拉線固定。 三、**高度超過十公尺**之煙囪應為鋼筋混凝土造或鋼鐵造。 四、鋼筋混凝土造煙囪之鋼筋保護層厚度應為五公分以上。 前項第二款之斜拉線應固定於鋼筋混凝土樁或建築物或工作物或經防腐處理之木樁。

重點整理：

煙囪之構造：高度超過十公尺之煙囪應為鋼筋混凝土造或鋼鐵造。

題庫練習：

（D）	依建築技術規則規定，高度超過幾公尺之煙囪應為鋼筋混凝土造或鋼鐵造？　　　　　　　　　　　　　　　　　　　　　　　【適中】 (A)6　　　　　(B)8　　　　　(C)9　　　　　(D) 10

五十七、建築技術規則第 1 條（避難層）

關鍵字與法條	條文內容
避難層 【建築技術規則#1】	避難層：具有出入口通達**基地地面或道路**之樓層。

重點整理：

避難層：通達基地地面或道路之樓層。

題庫練習：

（D） 依建築技術規則建築設計施工編第一條用語之定義，避難層是指：【適中】
    (A) 屋頂   (B) 可避難之樓層
    (C) 有排煙室的空間   (D) 可到基地地面之樓層

五十八、建築技術規則第 1 條（永久性空地）

關鍵字與法條	條文內容
永久性空地 【建築技術規則#1】	四十、永久性空地：指下列依法不得建築或因實際天然地形不能建築之土地（不包括道路）： （一）都市計畫法或其他法律劃定並已開闢之公園、廣場、體育場、**兒童遊戲場**、河川、綠地、綠帶及其他類似之空地。 （二）海洋、湖泊、水堰、河川等。 （三）前二目之河川、綠帶等除夾於道路或二條道路中間者外，其寬度或寬度之和應達四公尺。

重點整理：

永久性空地：（不包括道路）

已開闢之公園、廣場、體育場、**兒童遊戲場**、河川、綠地、綠帶及其他類似之空地。

題庫練習：

(D)	下列何種已開闢之用地屬於永久性空地？	【適中】
	(A) 鐵路用地	(B) 高速公路引道用地
	(C) 3 公尺寬之排水溝渠	(D) 兒童遊戲場

五十九、建築技術規則第 2 條

關鍵字與法條	條文內容
基地內私設通路寬度 【建築技術規則 #2】	基地應與建築線相連接，其連接部份之最小長度應在二公尺以上。基地內**私設通路**之寬度不得小於下列標準： 一、長度未滿十公尺者為二公尺。 二、長度在十公尺以上未滿二十公尺者為三公尺。 三、長度大於二十公尺為五公尺。 四、基地內以私設通路為進出道路之建築物總樓地板面積合計在一、○○○平方公尺以上者，通路寬度為六公尺。 五、前款**私設通路為連通建築線，得穿越同一基地建築物之地面層**；穿越之深度不得超過十五公尺；該部份淨寬並應依前四款規定，**淨高至少三公尺，且不得小於法定騎樓之高度**。 前項通路長度，自建築線起算計量至建築物最遠一處之出入口或共同入口。

重點整理：

基地內私設通路寬度：

1. 長度未滿十公尺者為二公尺。

2. 長度在十公尺以上未滿二十公尺者為三公尺。

3. 長度大於二十公尺為五公尺。

4. 基地內以私設通路為進出道路之建築物總樓地板面積合計在一、○○○平方公尺以上者，通路寬度為六公尺。

5. 得穿越同一基地建築物之地面層。

6. 淨高至少三公尺，且不得小於法定騎樓之高度。

題庫練習：

（B）　依據建築技術規則之規定，基地應與建築線相連接，其連接部分之最小長度應在2公尺以上。有關基地內私設通路之寬度，下列敘述何者錯誤？

【適中】

(A) 長度未滿 10 公尺者為 2 公尺

(B) 長度在 10 公尺以上未滿 20 公尺者為 4 公尺

(C) 長度大於 20 公尺為 5 公尺

(D) 基地內以私設通路為進出道路之建築物總樓地板面積合計在 1000 平方公尺以上者，通路寬度為 6 公尺

六十、建築技術規則第 2-1 條

關鍵字與法條	條文內容
未超過三十五公尺 【建築技術規則#2-1】	私設通路長度自建築線起算**未超過三十五公尺**部分，得計入法定空地面積。

重點整理：

私設通路 ：

1. 穿越之深度不得超過三十五公尺。

2. 應與建築線相連接。

3. 得穿越同一基地建築物之地面層。

4. 淨高至少三公尺，且不得小於法定騎樓之高度。

題庫練習：

（C）　有關私設通路之敘述，下列何者錯誤？　　　　　　　　【簡單】

(A) 應與建築線相連接

(B) 得穿越同一基地建築物之地面層

(C) 穿越之深度不得超過二十公尺

(D) 淨高至少三公尺，且不得小於法定騎樓之高度

六十一、建築技術規則第 4-3 條

關鍵字與法條	條文內容
雨水貯集滯洪設施 【建築技術規則#4-3】	都市計畫地區新建、增建或改建之建築物，除本編第十三章山坡地建築已依水土保持技術規範規劃設置滯洪設施、個別興建農舍、**建築基地面積三百平方公尺以下及未增加建築面積之增建或改建部分者外，應依下列規定，設置雨水貯集滯洪設施：** 一、於法定空地、建築物地面層、地下層或筏基內設置水池或**儲水槽**，以管線或溝渠收集屋頂、外牆面或法定空地之雨水，並連接至建築基地外雨水下水道系統。 二、採用密閉式水池或儲水槽時，應具備泥砂清除設施。 三、雨水貯集滯洪設施無法以重力式排放雨水者，應具備抽水泵浦排放，並應於地面層以上及流入水池或儲水槽前之管線或溝渠設置溢流設施。 四、雨水貯集滯洪設施得於四周或底部設計具有滲透雨水之功能，並得依本編第十七章**有關建築基地保水或建築物雨水貯留利用系統之規定，合併設計。** 前項設置雨水貯集滯洪設施規定，於都市計畫法令、都市計畫書或直轄市、縣（市）政府另有規定者，從其規定。 第一項設置之雨水貯集滯洪設施，其雨水貯集設計容量不得低於下列規定： 一、新建建築物且建築基地內無其他合法建築物者，以**申請建築基地面積乘以零點零四五（立方公尺／平方公尺）。** 二、建築基地內已有合法建築物者，以新建、增建或改建部分之建築面積除以法定建蔽率後，再乘以零點零四五（立方公尺／平方公尺）。

重點整理：

設置雨水貯集滯洪設施之規定：

1. 建築基地面積三百平方公尺以下。

2. 雨水貯集滯洪設施之容量，不得低於申請基地面積乘以 **0.045**（立方公尺／平方公尺）。

3. 建築基地保水或建築物雨水貯留利用系統之規定，合併設計。

4. 於法定空地、建築物地面層、地下層或筏基內設置水池或儲水槽。

題庫練習：

（A）	依建築技術規則有關都市計畫地區設置雨水貯集滯洪設施之規定，下列何者錯誤？【簡單】

（A）建築基地面積在 1000 平方公尺以上者才須檢討設置

（B）基地內無其他合法建築物之新建建築物，雨水貯集滯洪設施之容量，不得低於申請基地面積乘以 0.045（立方公尺 / 平方公尺）

（C）雨水貯集滯洪設施得與建築基地保水或建築物雨水貯留系統合併設計

（D）雨水貯集滯洪設施得設置於法定空地、建築物地面層或筏基內

六十二、建築技術規則第 27 條

關鍵字與法條	條文內容
建築物樓層高度為何？【建築技術規則 #27】	建築物地面層超過五層或高度超過十五公尺者，每增加一層樓或四公尺，其空地應增加百分之二。 不增加依前項及本編規定核計之建築基地允建地面層以上最大總樓地板面積及建築面積者，得增加建築物高度或層數，而免再依前項規定增加空地，但建築物高度不得超過本編第二章第三節之高度限制。 住宅、集合住宅等類似用途建築物依前項規定設計者，**其地面一層樓層高度，不得超過四‧二公尺，其他各樓層高度均不得超過三‧六公尺**；設計挑空者，其挑空部分計入前項允建地面層以上最大總樓地板面積。

重點整理：

建築物樓層高度：

1. 地面一層樓高不超過四‧二公尺，其餘各樓層之高度不超過三‧六公尺。

2. 地面層超過五層或高度超過十五公尺者，每增加一層樓或四公尺，其空地應增加百分之二。

題庫練習：

（B）	依建築技術規則建築設計施工編第 9 章之規定，實施容積管制前已申請或領有建造執照，在建造執照有效期限內，依申請變更時之法令辦理變更設計，以不增加原核准總樓地板面積及地下各層樓地板面積不移到地面以上樓層者，建築物樓層高度為何？　　　　　　　　【簡單】 (A) 地面一層樓高不超過 6 m，其餘各樓層之高度不超過 4.2 m (B) 地面一層樓高不超過 4.2 m，其餘各樓層之高度不超過 3.6 m (C) 所有樓層高度不得超過 4.2 m (D) 地面一層樓高不超過 6 m，其餘各樓層之高度不超過 3.6 m

六十三、建築技術規則第 1-36、1-37、1-38、2-1 條

關鍵字與法條	條文內容
道路 【建築技術規則#1-36】	道路：指依都市計畫法或其他法律公布之道路（**得包括人行道及沿道路邊綠帶**）或經指定建築線之現有巷道。除另有規定外，**不包括私設通路及類似通路。**
私設通路 【建築技術規則#1-38】	私設通路：基地內建築物之主要出入口或共同出入口（共用樓梯出入口）至建築線間之通路；主要出入口不包括本編第九十條規定增設之出入口；共同出入口不包括本編第九十五條規定增設之樓梯出入口。**私設通路與道路之交叉口，免截角。**
私設通路 【建築技術規則#2-1】	私設通路長度自建築線起算**未超過三十五公尺部分**，得計入法定空地面積。
類似通路 【建築技術規則#1-37】	類似通路：基地內具有二幢以上連帶使用性之建築物（包括機關、學校、醫院及同屬一事業體之工廠或其他類似建築物），各幢建築物間及建築物至建築線間之通路；**類似通路視為法定空地，其寬度不限制。**

重點整理：

「道路」：不包括私設通路及類似通路。

「私設通路」：

1. 私設通路與道路之交叉口，免截角。

2. 長度自建築線起算未超過三十五公尺部分，得計入法定空地面積。

「類似通路」：類似通路視為法定空地，其寬度不限制。

題庫練習：

（C）	依據建築技術規則之規定，有關「道路」、「私設通路」及「類似通路」之敘述，下列何者錯誤？　　　　　　　　　　　　　　　【適中】
	(A) 面前道路寬度得包含人行道及沿道路邊綠帶
	(B) 私設通路與道路之交叉口，免截角
	(C) 道路包含私設通路及類似通路
	(D) 私設通路長度自建築線起算未超過 35 公尺部分，得計入法定空地面積

六十四、建築技術規則第 38 條

關鍵字與法條	條文內容
建築物用途組別設置於室外走廊之欄桿【建築技術規則#38】	設置於露臺、陽臺、室外走廊、室外樓梯、平屋頂及室內天井部分等之欄桿扶手高度，不得小於一・一〇公尺；十層以上者，不得小於一・二〇公尺。 建築物使用用途為 A-1 集會表演、A-2 運輸場所、B-2 商場百貨、D-2 文教設施、D-3 國小校舍、F-3 兒童福利、G-2 辦公場所、H-2 住宅組者，前項欄桿**不得設有可供直徑十公分物體穿越之鏤空或可供攀爬之水平橫條**。

重點整理：

不得設有可供直徑十公分物體穿越之鏤空或可供攀爬之水平橫條：

用途為 A-1 集會表演、A-2 運輸場所、B-2 商場百貨、D-2 文教設施、D-3 國小校舍、F-3 兒童福利、G-2 辦公場所、H-2 住宅。

題庫練習：

（B）	下列哪些建築物用途組別設置於室外走廊之欄桿，不得設有可供直徑 10 cm 物體穿越之鏤空或可供攀爬之水平橫條？①商場百貨②國小校舍③住宅④旅館⑤辦公場所⑥醫療照護　　　　　　　　　　【適中】
	(A) ①②③④　　　(B) ①②③⑤　　　(C) ①③④⑥　　　(D) ②④⑤⑥

六十五、建築技術規則第 39 條

關鍵字與法條	條文內容
建築物內規定應設置之樓梯可以 **坡道** 代替之 【建築技術規則#39】	建築物內規定應設置之樓梯可以 **坡道** 代替之，除其淨寬應依本編第三十三條之規定外，並應依下列規定： 一、坡道之坡度，不得超過一比八。 二、坡道之表面，應為粗面或用其他防滑材料處理之。

重點整理：

建築物內規定應設置之樓梯可以 **坡道** 代替之。

題庫練習：

(A)　依建築技術規則之規定，建築物內規定應設置之樓梯可以何者代替之？

【適中】

　　(A) 坡道　　(B) 昇降階梯　　(C) 昇降機　　(D) 輪椅昇降台

六十六、建築技術規則第 41 條

關鍵字與法條	條文內容
幼、**學**：1/5 **住**、**宿**、**醫**、**兒**、 **托**、**老**：1/8 地板面以上 75 公分不得計入採光面積 【建築技術規則#41】	建築物之居室應設置採光用窗或開口，其採光面積依下列規定： 一、**幼兒園及學校教室不得小於樓地板面積五分之一**。 二、住宅之居室，寄宿舍之臥室，醫院之病房及兒童福利設施包括保健館、育幼院、育嬰室、養老院等建築物之居室，不得小於該樓地板面積八分之一。 三、位於**地板面以上七十五公分**範圍內之窗或開口面積**不得計入採光面積之內**。

重點整理：

採光面積規定：

1. **幼**、**學**：不得小於樓地板面積 1/5。

2. **住**、**宿**、**醫**、**兒**、**托**、**老**：不得小於樓地板面積 1/8。

3. 地板面以上七十五公分範圍內，不得計入採光面積之內。

題庫練習：

（B）	建築物之居室應設置採光用窗或開口，有關其採光面積之規定敘述，下列何者錯誤？　　　　　　　　　　　　　　　　　　　　　【適中】 (A) 幼稚園及學校教室不得小於樓地板面積 1/5 (B) 住宅之居室、醫院之病房不得小於樓地板面積 1/6 (C) 托兒所、養老院等居室不得小於樓地板面積 1/8 (D) 位於地板面以上 75 公分範圍內之窗或開口面積不得計入採光面積試算

六十七、建築技術規則第 45 條

關鍵字與法條	條文內容
裝設廢氣排出口水平淨距離 【建築技術規則 #45】	建築物外牆開設門窗、開口，廢氣排出口或陽臺等，依下列規定： 一、門窗之開啓均不得妨礙公共交通。 二、緊接鄰地之外牆不得向鄰地方向開設門窗、開口及設置陽臺。但外牆或陽臺外緣距離境界線之水平距離達一公尺以上時，或以不能透視之固定玻璃磚砌築者，不在此限。 三、同一基地內各幢建築物間或**同一幢建築物內相對部份之外牆開設門窗、開口或陽臺，其相對之水平淨距離應在二公尺以上**；僅一面開設者，其水平淨距離應在一公尺以上。但以不透視之固定玻璃磚砌築者，不在此限。 四、向鄰地或鄰幢建築物，或同一幢建築物內之相對部分，裝設廢氣排出口，其距離境界線或相對之水平淨距離應在二公尺以上。 五、建築物使用用途為 H-2、D-3、F-3 組者，外牆設置開啓式窗戶之窗臺高度不得小於一‧一〇公尺；十層以上不得小於一‧二〇公尺。但其鄰接露臺、陽臺、室外走廊、室外樓梯、室內天井，或設有符合本編第三十八條規定之欄杆、依本編第一百零八條規定設置之緊急進口者，不在此限。

重點整理：

同一幢建築物內相對部份之外牆開設門窗、開口或陽臺，其相對之水平淨距離應在二公尺以上。

題庫練習：

（B）	向鄰地或鄰幢建築物，或同一幢建築物內之相對部分，裝設廢氣排出口，其距離境界線或相對之水平淨距離應至少為幾公尺？　　　　【適中】 (A) 1　　　　(B) 2　　　　(C) 3　　　　(D) 4

六十八、建築技術規則第 46-3 條

關鍵字與法條	條文內容
粉刷層牆厚 【建築技術規則 #46-3】	分間牆之空氣音隔音構造，應符合下列規定之一： 一、**鋼筋混凝土造**或密度在二千三百公斤／立方公尺以上之無筋混凝土造，含粉刷總厚度在十公分以上。 二、紅磚或其他密度在一千六百公斤／立方公尺以上之實心磚造，含粉刷總厚度在十二公分以上。 三、輕型鋼骨架或木構骨架為底，兩面各覆以石膏板、水泥板、纖維水泥板、纖維強化水泥板、木質系水泥板、氧化鎂板或硬質纖維板，其板材總面密度在四十四公斤／平方公尺以上，板材間以密度在六十公斤／立方公尺以上，厚度在七點五公分以上之玻璃棉、岩棉或陶瓷棉填充，且牆總厚度在十公分以上。 四、其他經中央主管建築機關認可具有空氣音隔音指標 Rw 在四十五分貝以上之隔音性能，或取得內政部綠建材標章之高性能綠建材（隔音性）。 **昇降機道與居室相鄰之分間牆**，其空氣音隔音構造，應符合下列規定之一： 一、**鋼筋混凝土造含粉刷總厚度在二十公分以上。** 二、輕型鋼骨架或木構骨架為底，兩面各覆以石膏板、水泥板、纖維水泥板、纖維強化水泥板、木質系水泥板、氧化鎂板或硬質纖維板，其板材總面密度在六十五公斤／平方公尺以上，板材間以密度在六十公斤／立方公尺以上，厚度在十公分以上之玻璃棉、岩棉或陶瓷棉填充，且牆總厚度在十五公分以上。 三、其他經中央主管建築機關認可或取得內政部綠建材標章之高性能綠建材（隔音性）具有空氣音隔音指標 Rw 在五十五分貝以上之隔音性能。

重點整理：

昇降機道相鄰之分間牆其空氣音隔音構造，鋼筋混凝土造含粉刷總厚度在二十公分以上。

題庫練習：

（B）	依建築技術規則規定，非屬於昇降機道相鄰之分間牆其空氣音隔音構造，如使用鋼筋混凝土建造，其含粉刷層之牆厚至少需幾公分以上？
	【適中】
	(A) 8　　　　　(B) 10　　　　　(C) 12　　　　　(D) 15

六十九、建築技術規則第 55 條

關鍵字與法條	條文內容
應設置一座以上之昇降機通達避難層【建築技術規則#55】	昇降機之設置依下列規定： 一、**六層以上之建築物，至少應設置一座以上之昇降機通達避難層**。建築物高度超過十層樓，依本編第一百零六條規定，設置可供緊急用之昇降機。 二、機廂之面積超過一平方公尺或其淨高超過一點二公尺之昇降機，均依本規則之規定。但臨時用昇降機經主管建築機關認為其構造與安全無礙時，不在此限。 三、昇降機道之構造應依下列規定： （一）昇降機道之出入口，周圍牆壁或其圍護物應以不燃材料建造，並應使機道外之人、物無法與機廂或平衡錘相接觸。 （二）機廂在每一樓層之出入口，不得超過二處。 （三）出入口之樓地板面邊緣與機廂地板邊緣應齊平，其水平距離在四公分以內。 四、其他設備及構造，應依建築設備編之規定。 本規則中華民國一百年二月二十七日修正生效前領得使用執照之五層以下建築物增設昇降機者，得依下列規定辦理： 一、不計入建築面積及各層樓地板面積。其增設之昇降機間及昇降機道於各層面積不得超過十二平方公尺，且昇降機道面積不得超過六平方公尺。 二、不受鄰棟間隔、前院、後院及開口距離有關規定之限制。 三、增設昇降機所需增加之屋頂突出物，其高度應依第一條第九款第一目規定設置。但投影面積不計入同目屋頂突出物水平投影面積之和。

題庫練習：

（B）	至少多少層以上之建築物，即應設置一座以上之昇降機（電梯）通達避難層？ 【適中】
	(A) 5　　　　(B) 6　　　　(C) 7　　　　(D) 8

七十、建築技術規則第 60 條

關鍵字與法條	條文內容
基地面積應設汽車車道（坡道）？ 【建築技術規則#60】	停車空間及其應留設供汽車進出用之車道，規定如下： 一、每輛停車位為寬二點五公尺，長五點五公尺。但停車位角度在三十度以下者，停車位長度為六公尺。大客車每輛停車位為寬四公尺，長十二點四公尺。 二、設置於室內之停車位，其五分之一車位數，每輛停車位寬度得寬減二十公分。但停車位長邊鄰接牆壁者，不得寬減，且寬度寬減之停車位不得連續設置。 三、機械停車位每輛為寬二點五公尺，長五點五公尺，淨高一點八公尺以上。但不供乘車人進出使用部分，寬得為二點二公尺，淨高為一點六公尺以上。 四、設置汽車昇降機，應留設寬三點五公尺以上、長五點七公尺以上之昇降機道。 五、**基地面積在一千五百平方公尺以上者**，其設於地面層以外樓層之停車空間應設汽車車道（坡道）。 六、車道供雙向通行且服務車位數未達五十輛者，得為單車道寬度；五十輛以上者，自第五十輛車位至汽車進出口及汽車進出口至道路間之通路寬度，應為雙車道寬度。但汽車進口及出口分別設置且供單向通行者，其進口及出口得為單車道寬度。 七、實施容積管制地區，每輛停車空間（不含機械式停車空間）換算容積之樓地板面積，最大不得超過四十平方公尺。前項機械停車設備之規範，由內政部另定之。

重點整理：

停車空間及其應留設供汽車進出用之車道，**基地面積在一千五百平方公尺以上者**，其設於地面層以外樓層之停車空間應設汽車車道（坡道）。

題庫練習：

（B）	依建築技術規則建築設計施工編第 60 條規定，基地面積在多少平方公尺以上，其設置於地面層以外樓層之停車空間應設汽車車道（坡道）？【簡單】
	(A) 1000　　　(B) 1500　　　(C) 2000　　　(D) 3000

七十一、建築技術規則第 70、243 條

關鍵字與法條	條文內容
規定之防火時效 【建築技術規則 #70】	防火構造之建築物，其主要構造之柱、樑、承重牆壁、樓地板及屋頂應具有下表規定之防火時效：

層數 主要構造部份	自頂層起算不超過四層之各樓層	自頂層起算超過第四層至第十四層之各樓層	自頂層起算第十五層以上之各樓層
承重牆壁	一小時	一小時	二小時
樑	一小時	二小時	三小時
柱	一小時	二小時	三小時
樓地板	一小時	二小時	二小時
屋頂	半小時		

（一）屋頂突出物未達計算層樓面積者，其防火時效應與頂層同。
（二）本表所指之層數包括地下層數。

不得使用燃氣設備 【建築技術規則 #243】	高層建築物地板面高度在五十公尺或樓層在十六層以上部分，除住宅、餐廳等係建築物機能之必要時外，不得使用燃氣設備。 高層建築物設有燃氣設備時，應將燃氣設備集中設置，並設置瓦斯漏氣自動警報設備，且與其他部分**應以具一小時以上防火時效**之牆壁、防火門窗等防火設備及該層防火構造之樓地板予以區劃分隔。

重點整理：

1. 高層建築物區劃分隔設有燃氣設備空間的牆壁與防火門窗，不需具有二小時以上的防火時效。

2. 高層建築物地板面高度在五十公尺或樓層在十六層以上部分，不得使用
燃氣設備。

題庫練習：

（D）	下列哪些構造或設備不需具有 2 小時以上的防火時效？　　　　【適中】
	(A) 防火構造建築物自頂層起算超過第四層至第十四層的各層樓地板
	(B) 地下建築物設備管路貫通防火區劃，貫穿部位與防火區劃合成之構造
	(C) 高層建築物防災中心的外牆及防火門
	(D) 高層建築物區劃分隔設有燃氣設備空間的牆壁與防火門窗

七十二、建築技術規則第 74 條

關鍵字與法條	條文內容
主要構造之屋頂部分之防火時效 【建築技術規則#74】	具有半小時以上防火時效之非承重外牆、屋頂及樓梯，應依下列規定： 一、非承重外牆：經中央主管建築機關認可具有半小時以上之防火時效者。 二、屋頂： （一）鋼筋混凝土造或鋼骨鋼筋混凝土造。 （二）鐵絲網混凝土造、鐵絲網水泥砂漿造、用鋼鐵加強之玻璃磚造或鑲嵌鐵絲網玻璃造。 （三）鋼筋混凝土（預鑄）版，其厚度在四公分以上者。 （四）以高溫高壓蒸汽保養所製造之輕質泡沫混凝土板。 （五）其他經中央主管建築機關認可具有同等以上之防火性能者。 三、樓梯： （一）鋼筋混凝土造或鋼骨鋼筋混凝土造。 （二）鋼造。 （三）其他經中央主管建築機關認可具有同等以上之防火性能者。

重點整理：

非承重外牆、屋頂、樓梯部分防火構造之建築物應具有半小時之防火時效。

題庫練習：

（A）	防火構造之建築物，其主要構造之屋頂部分至少應具有多少小時之防火時效？　　　　　　　　　　　　　　　　　　　　　　　　【適中】
	(A) 0.5　　　　　　(B) 1　　　　　　(C) 1.5　　　　　　(D) 2

七十三、建築技術規則第 79-1 條

關鍵字與法條	條文內容
C 類工廠建築之生產線，得以自成一區劃而免再分隔區劃 【建築技術規則 #79-1】	防火構造建築物供下列用途使用，無法區劃分隔部分，以具有一小時以上**防火時效之牆壁、防火門窗等防火設備與該處防火構造之樓地板自成一個區劃者，不受**前條第一項之限制： 一、建築物使用類組為 A-1 組或 D-2 組之觀眾席部分。 二、建築物使用類組為 C 類（**工廠建築**）之生產線部分、**D-3 組或 D-4 組之教室**、體育館、零售市場、停車空間及其他類似用途建築物。 前項之防火設備應具有一小時以上之阻熱性。

重點整理：

1. C 類工廠建築之生產線，得以自成一區劃而免再分隔區劃。

2. 教室不受防火面積區劃之限制。

題庫練習：

（B）	下列何種空間不受防火面積區劃之限制？　　　　　　　　　　　【簡單】
	(A) 旅館　　　　(B) 教室　　　　(C) 醫院　　　　(D) 百貨商場

七十四、建築技術規則第 86 條

關鍵字與法條	條文內容
牆壁不需具 1 小時以上防火時效？ 【建築技術規則 #86】	分戶牆及分間牆構造依下列規定： 一、連棟式或集合住宅之分戶牆，應以具有一小時以上防火時效之牆壁及防火門窗等防火設備與該處之樓板或屋頂形成區劃分隔。

關鍵字與法條	條文內容
	二、建築物使用類組為**A類、D類、KTV屬於B-1類、B-2、B-4、F-1、H-1、總樓地板面積為三百平方公尺以上之餐廳屬於B-3及各級政府機關建築物，其各防火區劃內之分間牆應以不燃材料建造**。但其分間牆上之門窗，不在此限。 三、建築物屬 F-1、F-2、H-1 及 H-2 之護理之家機構、老人福利機構、機構住宿式服務類長期照顧服務機構、社區式服務類長期照顧服務機構（團體家屋）、身心障礙福利機構及精神復健機構，其各防火區劃內之分間牆應以不燃材料建造，寢室之分間牆上之門窗應為不燃材料製造或具半小時以上防火時效，且不適用前款但書規定。 四、建築物使用類組為 B 條之三組之廚房，應以具有一小時以上防火時效之牆壁及防火門窗等防火設備與該樓層之樓地板形成區劃，其天花板及牆面之裝修材料以耐燃一級材料為限，並依建築設備編第五章第三節規定。 五、其他經中央主管建築機關指定使用用途之建築物或居室，應以具有一小時防火時效之牆壁及防火門窗等防火設備與該樓層之樓地板形成區劃，裝修材料並以耐燃一級材料為限。前項第三款門窗為具半小時以上防火時效者，得不受同編第七十六條第三款及第四款限制。

題庫練習：

（C）	下列何種牆壁不需具 1 小時以上防火時效？　　　　　　　【簡單】 (A) 集合住宅之分戶牆 (B) 餐飲場所之廚房之分間牆 (C) KTV 包廂之分間牆 (D) 高層集合住宅防災中心之分間牆

七十五、建築技術規則第 88 條

關鍵字與法條	條文內容
1. 歌劇院內部：耐燃三級以上 2. 無窗戶居室：耐燃二級以上 3. 地下建築物防火區劃面積按 201 m² 以上	建築物之內部裝修材料應依下表規定。但符合下列情形之一者，不在此限： 一、除下表（十）至（十四）所列建築物，及建築使用類組為B-1、B-2、B-3 組及 I 類者外，按其樓地板面積每一百平方公尺範圍內以具有一小時以上防火時效之牆壁、防火門窗等防火設備與該層防火構造之樓地板區劃分隔者，或其設於地面層且樓地板面積在一百平方公尺以下。

關鍵字與法條	條文內容
500 m² 以下區劃者：耐燃一級	二、裝設自動滅火設備及排煙設備。

4. 使用燃燒設備之房間：耐燃二級以上【建築技術規則#88】	建築物類別		組別	供該用途之專用樓地板面積合計	內部裝修材料	
					居室或該使用得部分	通過地面之走廊及走廊及樓梯
	（一）	A 類		全部	全部	耐燃三級以上	耐燃二級以上
	（二）	B 類		全部		耐燃三級以上	
	（三）	C 類 工業、倉儲類	C-1	全部	耐燃二級以上	
			C-2			
	（四）	D 類 休閒、文教類	全部	全部	耐燃三級以上	
	（五）	E 類 宗教、殯葬業	E			
	（六）	F 類 衛生、福利、更生類	全部			
	（七）	G 類 辦公、服務類	全部			
	（八）	H 類 住宿類	H-1			
			H-2	—	—	—
	（九）	I 類 危險物品類	I	全部	耐烯一級	耐烯一級
	（十）	地下層、地下工作物供 A 類、G 類、B-1 組、B-2 組或 B-3 組使用者		全部	耐燃二級以上	耐烯一級
	（十一）	無窗戶之居室		全部		
	（十二）	使用燃燒設備之房間	H-2	二層以上部分（但頂層除外）		
			其他	全部		
	（十三）	十一層以上部分		每二百平方公尺以內有防火區劃之部分		
				每五百平方公尺以內有防火區劃之部分	耐烯一級	
	（十四）	地下建築物		防火區劃面積按一百平方公尺以上二百平方公尺以下區劃者	耐燃二級以上	耐烯一級
				防火區劃面積按二百零一平方公尺以上五百平方公尺以下區劃者	耐烯一級	

一、應受限制之建築物其用途、層數、樓地板面積等依本表之規定。
二、本珍所稱內部裝修材料係固著於建築物構造體之天花板、內部牆面或高度超過一點二公尺固定於地板之隔屏或兼任櫥櫃使用之隔屏（均含固著其表面並暴露於室內之隔音或吸音材料）。
三、除本表（三）（九）（十）（十一）所列各種建築物外，在其自樓地板面起高度在點二公尺以下部分之牆面、窗臺及天花板周圍押條等裝修材料得不受限制。
四、本表（十三）（十四）所列建築物，如裝設自動滅火設備者，所列面積得加倍計算之。

重點整理：

1. 歌劇院內部：耐燃三級以上。

2. 無窗戶居室：耐燃二級以上。

3. 地下建築物防火區劃面積按 **201 m² 以上 500 m² 以下**區劃者：耐燃一級。

4. 使用燃燒設備之房間：耐燃二級以上。

題庫練習：

（C）	下列何種居室之內部裝修材料，不合建築技術規則之規定？　　【困難】	

　　　　(A) 歌劇院內部——耐燃三級以上

　　　　(B) 無窗戶居室——耐燃二級以上

　　　　(C) 地下建築物 300 m² 以上之使用單元——耐燃二級以上

　　　　(D) 使用燃燒設備之房間——耐燃二級以上

七十六、建築技術規則第 89 條

關鍵字與法條	條文內容
樓地板面積之計算 【建築技術規則#89】	本節規定之適用範圍，以下列情形之建築物為限。但建築物以無開口且具有一小時以上防火時效之牆壁及樓地板所區劃分隔者，適用本章各節規定，視為他棟建築物： 一、建築物使用類組為 A、B、D、E、F、G 及 H 類者。 二、三層以上之建築物。 三、總樓地板面積超過一、○○○平方公尺之建築物。 四、地下層或有本編第一條第三十五款第二目及第三目規定之無窗戶居室之樓層。 五、本章各節關於樓地板面積之計算，**不包括法定防空避難設備面積**，**室內停車空間**面積、騎樓及機械房、變電室、**直通樓梯間**、**電梯間**、蓄水池及屋頂突出物面積等類似用途部分。

重點整理：

樓地板面積之計算不包括：

法定防空避難設備面積，室內停車空間面積、騎樓及機械房、變電室、直

通樓梯間、電梯間、蓄水池及屋頂突出物面積等類似用途部分。

題庫練習：

（D）	依建築技術規則規定，建築物防火避難設施及消防設備適用範圍之樓地板面積計算，下列何者應包含於該樓地板面積之合計中？　【適中】 (A) 電梯間　(B) 室內停車空間　(C) 直通樓梯間　(D) 門廳

七十七、建築技術規則第 90 條

關鍵字與法條	條文內容
直通樓梯於避難層開向屋外之出入口高度 【建築技術規則 #90】	直通樓梯於避難層開向屋外之出入口，應依下列規定： 一、六層以上，或建築物使用類組為 A、B、D、E、F、G 類及 H-1 組用途使用之樓地板面積合計超過五〇〇平方公尺者，除其直通樓梯於避難層之出入口直接開向道路或避難用通路者外，應在避難層之適當位置，開設二處以上不同方向之出入口。其中至少一處應直接通向道路，其他各處可開向寬一‧五公尺以上之避難通路，通路設有頂蓋者，其淨高不得小於三公尺，並應接通道路。 二、**直通樓梯於避難層開向屋外之出入口，寬度不得小於一‧二公尺，高度不得小於一‧八公尺。**

重點整理：

直通樓梯於避難層開向屋外之出入口：

寬度不得小於一‧二公尺，高度不得小於一‧八公尺。

題庫練習：

（D）	6 層樓的集合住宅大樓，直通樓梯於避難層開向屋外之出入口，寬度不得小於多少（X）公尺，高度不得小於多少（Y）公尺？　【適中】 (A) X = 1.5，Y = 2.1　　　　(B) X = 1.2，Y = 1.9 (C) X = 1.4，Y = 2.1　　　　(D) X = 1.2，Y = 1.8

七十八、建築技術規則第 91 條

關鍵字與法條	條文內容
出入口寬度之計算 【建築技術規則 #91】	避難層以外之樓層，通達供避難使用之走廊或直通樓梯間，其出入口依下列規定： 一、建築物使用類組為 A-1 組（公共集會）部分，其自觀眾席開向二側及後側走廊之出入口，**不得小於觀眾席樓地板合計面積每十平方公尺寬十七公分之計算值。** 二、建築物使用類組為 B-1、B-2、D-1、D-2 組者，地面層以上各樓層之出入口不得小於各該樓層樓地板面積**每一○○平方公尺寬二十七公分計算值**；地面層以下之樓層，二十七公分應增為三十六公分。但該用途使用部分直接以直通樓梯作為進出口者（即使用之部分與樓梯出入口間未以分間牆隔離。）直通樓梯之總寬度應同時合於本條及本編第九十八條之規定。 三、前二款規定每處出入口寬度，**不得小於一‧二公尺**，並應裝設具有一小時以上防火時效之防火門。

題庫練習：

（AC）有關避難層以外之樓層，通達供避難使用之走廊或直通樓梯間，其出入口寬度之計算值，下列敘述何者錯誤？　　　　　　　　　【困難】 　　(A) 集會堂用途不得小於觀眾席樓地板合計面積每 10 平方公尺寬 17 公分 　　(B) 商場用途位於地面層以上之樓層，其總寬度應不小於各該樓層樓地板面積每 100 平方公尺寬 27 公分 　　(C) 商場用途位於地面層以下之樓層，其總寬度應不小於各該樓層樓地板面積每 100 平方公尺寬 60 公分 　　(D) 集會堂及商場用途每處出入口寬度不得小於 1.2 公尺

七十九、建築技術規則第 98 條

關鍵字與法條	條文內容
直通樓梯口之步行距離 【建築技術規則 #98】	直通樓梯之設置應依下列規定： 一、任何建築物自避難層以外之各樓層均應設置一座以上之直通樓梯（包括坡道）通達避難層或地面，樓梯位置應設於明顯處所。

關鍵字與法條	條文內容
	二、自樓面居室之任一點至樓梯口之步行距離（即隔間後之可行距離非直線距離）依下列規定： （一）建築物用途類組為A類（集會）、B-1（視聽歌唱場所）、**B-2（百貨商場）**、B-3（餐飲）及D-1（休閒服務場所）組者，**不得超過三十公尺**。建築物用途類組為 **C 類（工廠）**者，除有現場觀眾之電視攝影場不得超過三十公尺外，**不得超過七十公尺**。 （二）前目規定以外用途之建築物不得超過五十公尺。 （三）**建築物第十五層以上之樓層**依其使用應將前二目規定為三十公尺者減為二十公尺，五十公尺者**減為四十公尺**。 （四）集合住宅採取複層式構造者，其自無出入口之樓層居室任一點至直通樓梯之步行距離不得超過四十公尺。 （五）非防火構造或非使用不燃材料所建造之建築物，不論任何用途，應將本款所規定之步行距離減為三十公尺以下。 前項第二款至樓梯口之步行距離，應計算至直通樓梯之第一階。但直通樓梯為安全梯者，得計算至進入樓梯間之防火門。

重點整理：

居室任一點至直通樓梯口之步行距離之規定：

1. **不得超過三十公尺**：A類（集會）、B-1（視聽歌唱場所）、**B-2（百貨商場）**、B-3（餐飲）及D-1（休閒服務場所）組者及非防火構造或非使用不燃材料所建造之建築物。

2. **不得超過七十公尺**：**C 類（工廠）**者，除有現場觀眾之電視攝影場不得超過三十公尺外。

3. **不得超過四十公尺**：建築物第十五層以上之樓層、集合住宅採取複層式構造者。

題庫練習：

（C）	有關居室任一點至直通樓梯口之步行距離之規定，下列何者錯誤？【適中】 (A) 商場不得超過 30 公尺 (B) 工廠不得超過 70 公尺

> (C) 高層建築物之辦公室不得超過 50 公尺
> (D) 地下停車場無步行距離之規定

八十、建築技術規則第 100 條

關鍵字與法條	條文內容
防煙壁 【建築技術規則 #100】	下列建築物應設置排煙設備。但樓梯間、昇降機間及其他類似部份，不在此限： 一、供本編第六十九條第一類、第四類使用及第二類之養老院、兒童福利設施之建築物，其每層樓地板面積超過五○○平方公尺者。但每一○○平方公尺以內以分間牆或以防煙壁區劃分隔者，不在此限。 二、本編第一條第三十一款第三目所規定之無窗戶居室。 前項第一款之防煙壁，係指以不燃材料建造之垂壁，自**天花板下垂五十公分以上**。

重點整理：

防煙壁：天花板下垂五十公分以上。

題庫練習：

（A）	防煙壁，係指以不燃材料建造之垂壁，依建築技術規則規定應自天花板下垂至少多少公分以上？　　　　　　　　　　　　　　　　【適中】 (A) 50　　　　(B) 45　　　　(C) 40　　　　(D) 30

八十一、建築技術規則第 106 條

關鍵字與法條	條文內容
1. 應設置一座緊急用昇降機？ 2. 緊急用昇降機之昇降速度每分鐘**不得小於六十公尺**。 【建築技術規則 #106】	依本編第五十五條規定**應設置之緊急用昇降機**，其設置標準依下列規定： 一、建築物高度**超過十層樓以上**部分之最大一層樓地板面積，在一、五○○平方公尺以下者，至少應設置一座：超過一、五○○平方公尺時，每達三、○○○平方公尺，增設一座。 二、下列建築物**不受前款之限制**： （一）**超過十層樓**之部分為樓梯間、昇降機間、機械室、裝飾

關鍵字與法條	條文內容
	塔、屋頂窗及其他類似用途之建築物。 （二）超過十層樓之各層樓地板面積之和**未達五〇〇平方公尺者**。

重點整理：

設置緊急用昇降機：

1. 昇降速度每分鐘不得小於六十公尺。

2. 超過十層樓以上。

題庫練習：

（ABCD）依建築技術規則之規定，達何種條件就必須設置緊急用昇降機？

【非常困難】

(A) 高度 36 公尺以上之建築物

(B) 高度超過 10 層樓之建築物

(C) 危險物品類建築

(D) 住商混合大樓

八十二、建築技術規則第 121 條

關鍵字與法條	條文內容
建築物基地之面前道路寬度至少應為多少公尺以上？ 【建築技術規則 #121】	本節所列建築物基地之面前道路寬度與臨接長度依下列規定： 一、觀眾席地板合計面積未達一、〇〇〇平方公尺者，道路寬度應為十二公尺以上。**觀眾席樓地板合計面積在一、〇〇〇平方公尺以上者，道路寬度應為十五公尺以上。** 二、基地臨接前款規定道路之長度不得小於左列規定： （一）應為該基地周長六分之一以上。 （二）觀眾席樓地板合計面積未達二〇〇平方公尺者，應為十五公尺以上，超過二〇〇平方公尺未達六〇〇平方公尺每十平方公尺或其零數應增加三十四公分，超過六〇〇平方公尺部份每十平方公尺或其零數應增加十七公分。 三、基地除臨接第一款規定之道路外，其他兩側以上臨接寬四公尺以上之道路或廣場、公園、綠地或於基地內兩側以上留設

關鍵字與法條	條文內容
	寬四公尺且淨高三公尺以上之通路，前款規定之長度按十分之八計算。
	四、建築物內有二種以上或一種而有二家以上之使用者，其在地面層之主要出入口應依本章第一二二條規定留設空地或門廳。

重點整理：

觀眾席樓地板合計面積在一、○○○平方公尺以上者，道路寬度應為十五公尺以上。

題庫練習：

（D）	依建築技術規則之規定，基地臨接二條以上道路之商場大樓，其中第 2 層設有二個單元之電影院，每一單元之電影院之觀眾席面積各為 1,200 平方公尺，建築物基地之面前道路寬度至少應為多少公尺以上？ (A) 8　　　(B) 10　　　(C) 12　　　(D) 15

八十三、建築技術規則第 129 條

關鍵字與法條	條文內容
樓地板合計面積 【建築技術規則 #129】	供商場、餐廳、市場使用之建築物，其基地與道路之關係應依下列規定： **一、供商場、餐廳、市場使用之樓地板合計面積超過一、五○○平方公尺者，不得面向寬度十公尺以下之道路開設，臨接道路部分之基地長度並不得小於基地周長六分之一。** 二、前款樓地板合計面積超過三、○○○平方公尺者，應面向二條以上之道路開設，其中一條之路寬不得小於十二公尺，但臨接道路之基地長度超過其周長三分之一以上者，得免面向二條以上道路。

重點整理：

供商場、餐廳、市場使用之樓地板合計面積超過一、五○○平方公尺者，不得面向寬度十公尺以下之道路開設，臨接道路部份之基地長度並不得小於基地周長六分之一。

題庫練習：

（C）	依據建築技術規則之規定，供商場、餐廳、市場使用之建築物，其樓地板合計面積超過多少平方公尺者，不得面向寬度 10 公尺以下之道路開設，臨接道路部份之基地長度並不得小於基地周長六分之一？　【適中】 (A) 500 平方公尺　　　　　　　　(B) 1000 平方公尺 (C) 1500 平方公尺　　　　　　　(D) 2000 平方公尺

八十四、建築技術規則第 140、141、142 條

關鍵字與法條	條文內容
建築基地周圍 150 m 範圍內之地形 【建築技術規則 #140】	凡經中央主管建築機關指定之適用地區，有新建、增建、改建或變更用途行為之建築物或供公眾使用之建築物，應依本編第一百四十一條附建標準之規定設置防空避難設備。但符合下列規定之一者不在此限： 一、建築物變更用途後應附建之標準與原用途相同或較寬者。 二、依本條指定為適用地區以前建造之建築物申請垂直方向增建者。 **三、建築基地周圍一百五十公尺範圍內之地形，有可供全體人員避難使用之處所，經當地主管建築機關會同警察機關勘察屬實者。** 四、其他特殊用途之建築物經中央主管建築機關核定者。
非供公眾使用之建築物附建之防空避難設備 【建築技術規則 #141】	防空避難設備之附建標準依下列規定： 一、**非供公眾使用之建築物，其層數在六層以上者，**按建築面積全部附建。 二、**供公眾使用之建築物：** （一）供**戲院、電影院、歌廳、舞廳及演藝場等使用者，按建築面積全部附建。** （二）供**學校使用之建築物，按其主管機關核定計畫容納使用人數每人零點七五平方公尺計算，**整體規劃附建防空避難設備。並應就實際情形於基地內合理配置，且校舍或居室任一點至最近之**避難設備步行距離，不得超過三百公尺。** （三）**供工廠使用之建築物，其層數在五層以上者，按建築面積全部附建，**或按目的事業主管機關所核定之投資計畫或設廠計畫書等之設廠人數每人零點七五平方公尺計算，整體規劃附建防空避難設備。 （四）**供其他公眾使用之建築物，其層數在五層以上者，按建築面積全部附建。** 前項建築物樓層數之計算，不包括整層依獎勵增設停車空間規定設置停車空間之樓層。

關鍵字與法條	條文內容
建築物附設防空避難設備之設計及構造 【建築技術規則#142】	建築物有下列情形之一，經當地主管建築機關審查或勘查屬實者，依下列規定附建建築物防空避難設備： 一、建築基地如確因地質地形無法附建地下或半地下式避難設備者，得建築地面式避難設備。 二、應按建築面積全部附建之建築物，因建築設備或結構上之原因，如昇降機機道之緩衝基坑、機械室、電氣室、機器之基礎，蓄水池、化糞池等固定設備等必須設在地面以下部份，其所佔面積准免補足；並不得超過附建避難設備面積四分之一。 三、因重機械設備或其他特殊情形附建地下室或半地下室確實有困難者，得建築地面式避難設備。 四、同時申請建照之建築物，其應附建之防空避難設備得集中附建。但建築物居室任一點至避難設備進出口之步行距離不得超過三百公尺。 五、**進出口樓梯及盥洗室、機械停車設備所占面積不視為固定設備面積。** 六、**供防空避難設備使用之樓層地板面積達到二百平方公尺者，以兼作停車空間為限；**未達二百平方公尺者，得兼作他種用途使用，其使用限制由直轄市、縣（市）政府定之。

重點整理：

防空避難設備設置：免設

建築基地周圍一百五十公尺範圍內之地形，有可供全體人員避難使用之處所，經當地主管建築機關會同警察機關勘察屬實者。

防空避難設備設置：按建築面積全部附建

1. 非供公眾使用之建築物，其層數在六層以上者。

2. 供公眾使用之建築物。

3. 供學校使用之建築物（使用人數每人零點七五平方公尺計算）避難設備步行距離，不得超過三百公尺。

4. 供工廠使用之建築物，其層數在五層以上者。

5. 供其他公眾使用之建築物，其層數在五層以上者。

規定附建建築物防空避難設備：

1. 進出口樓梯及盥洗室、機械停車設備所占面積不視爲固定設備面積。

2. 供防空避難設備使用之樓層地板面積達到二百平方公尺者，以兼作停車空間爲限。

題庫練習：

（B）	有關防空避難設備之敘述，下列何者錯誤？　　　　　　　　　　【簡單】 (A) 學校類建築物之防空避難室得集中設置，但校舍或居室任一點至最近之避難設備之步行距離，不得超過 300 m (B) 供防空避難設備使用之樓層不論樓地板面積之大小，都不得兼作停車空間以外之他種用途 (C) 建築基地周圍 150 m 範圍內之地形，有可供全體人員避難使用之處所，經當地主管建築機關會同警察機關勘察屬實者，得免設 (D) 供戲院、電影院、歌廳、舞廳及演藝場等使用者，不論樓層數，一律按建築面積全部附建

八十五、建築技術規則第 147 條

關鍵字與法條	條文內容
廣告牌塔主要部分之構造 【建築技術規則#147】	廣告牌塔、裝飾塔、廣播塔或高架水塔等之構造應依下列規定： 一、主要部份之構造**不得爲磚造或無筋混凝土造**。 二、各部份構造應符合本規則建築構造編及建築設備編之有關規定。 三、設置於建築物外牆之廣告牌不得堵塞本規則規定設置之各種開口及妨礙消防車輛之通行。

重點整理：

主要部分之構造不得爲磚造或無筋混凝土造。

題庫練習：

（A）	依建築技術規則規定，廣告牌塔主要部分之構造不得為下列何者？ 　　　　　　　　　　　　　　　　　　　　　　　　　　　　【適中】 (A) 磚造　　　　　　　　　　(B) 鋼骨鋼筋混凝土造 (C) 鋼構造　　　　　　　　　(D) 鋼筋混凝土造

八十六、建築技術規則第 153 條

關鍵字與法條	條文內容
垃圾導管或其他防止飛散【建築技術規則#153】	為防止高處墜落物體發生危害，應依下列規定設置適當防護措施： 一、自地面高度三公尺以上投下垃圾或其他容易飛散之物體時，應用垃圾導管或其他防止飛散之有效設施。 二、本法第六十六條所稱之適當圍籬應為設在施工架周圍以鐵絲網或帆布或其他適當材料等設置覆蓋物以防止墜落物體所造成之傷害。

重點整理：

垃圾導管或其他防止飛散之有效設施自地面高度限制：
自地面高度三公尺以上。

題庫練習：

（C）　依建築技術規則規定，為防止高處墜落物體發生危害，自地面高度至少多少公尺以上投下垃圾，應用垃圾導管或其他防止飛散之有效設施？
(A) 9　　　　(B) 6　　　　(C) 3　　　　(D) 2

八十七、建築技術規則第 208 條

關鍵字與法條	條文內容
每多少平方公尺滅火器一具？【建築技術規則#208】	地下建築物，應依場所特性及環境狀況，**每一○○平方公尺**範圍內配置適當之泡沫、乾粉或二氧化碳滅火器一具，滅火器之裝設依下列規定： 一、滅火器應分別固定放置於取用方便之明顯處所。 二、滅火器應即可使用。 三、懸掛於牆上或放置於消防栓箱中之滅火器，其上端與樓地板面之距離，十八公斤以上者不得超過一公尺。

重點整理：

地下建築物，**每一百平方公尺**範圍內配置適當之泡沫、乾粉或二氧化碳滅火器一具。

題庫練習：

（B）	地下建築物，應依場所特性及環境狀況，每多少平方公尺範圍內配置適當之泡沫、乾粉或二氧化碳滅火器一具？　　　　　　　　【適中】 (A) 50 平方公尺　　　　　　　　　(B) 100 平方公尺 (C) 150 平方公尺　　　　　　　　(D) 200 平方公尺

八十八、建築技術規則第 227 條

關鍵字與法條	條文內容
稱高層建築物 【建築技術規則#227】	本章所稱高層建築物，係指高度在**五十公尺或樓層在十六層**以上之建築物。

重點整理：

高層建築物，係指高度在五十公尺或樓層在十六層以上之建築物。

題庫練習：

（C）	建築技術規則建築設計施工編第 12 章之高層建築物，其所指的高度及樓層為何？　　　　　　　　　　　　　　　　　　　【適中】 (A) 高度在 50 公尺或樓層在 15 層以上 (B) 高度在 60 公尺或樓層在 15 層以上 (C) 高度在 50 公尺或樓層在 16 層以上 (D) 高度在 60 公尺或樓層在 20 層以上

八十九、建築技術規則第 232 條

關鍵字與法條	條文內容
專用出入口緩衝空間 【建築技術規則#232】	高層建築物應於基地內設置專用出入口緩衝空間，供人員出入、上下車輛及裝卸貨物，**緩衝空間寬度不得小於六公尺，長度不得小於十二公尺**，其設有頂蓋者，頂蓋淨高度不得小於三公尺。

重點整理：

高層建築物應設置專用出入口緩衝空間，寬度不得小於六公尺，長度不得小於十二公尺。

題庫練習：

（A）	依建築技術規則規定，高層建築物應設置專用出入口緩衝空間，其寬度及長度各不得小於多少公尺？　　　　　　　　　　　　　　【適中】 (A) 寬度不得小於 6 公尺，長度不得小於 12 公尺 (B) 寬度不得小於 5 公尺，長度不得小於 10 公尺 (C) 寬度不得小於 4 公尺，長度不得小於 12 公尺 (D) 寬度不得小於 2.5 公尺，長度不得小於 6 公尺

九十、建築技術規則第 233 條

關鍵字與法條	條文內容
設置緊急進口 【建築技術規則#233】	高層建築物在**二層以上**，**十六層**或地板面高度在五十公尺以下之各樓層，應設置緊急進口。但面臨道路或寬度四公尺以上之通路，且各層之外牆每十公尺設有窗戶或其他開口者，不在此限。 前項窗戶或開口應符合本編第一百零八條第二項之規定。

重點整理：

高層建築物設置緊急進口：

1. 建築物在二層以上，十六層或地板面高度在五十公尺以下之各樓層設置。

2. 但面臨道路或寬度四公尺以上之通路，且各層之外牆每十公尺設有窗戶或其他開口者，不在此限。

題庫練習：

（C）	依建築技術規則建築設計施工編之規定，建築物四面臨道路但各層外牆未設有窗口，須在下列何者設置緊急進口？　　　　　　　　　【適中】 (A) 各面臨道路自二層以上，十層以下 (B) 各面臨道路自二層以上，36 公尺以下各樓層 (C) 面臨道路擇一面，二層以上，十層以下 (D) 面臨道路擇一面，50 公尺以下各樓層

九十一、建築技術規則第 241 條

關鍵字與法條	條文內容
1. 排煙室並不得共用 2. 梯間不得直通 【建築技術規則#241】	高層建築物應**設置二座以上之特別安全梯**並應符合二方向避難原則。二座特別安全梯應在不同平面位置，**其排煙室並不得共用**。 高層建築物連接特別安全梯間之走廊應以具有一小時以上防火時效之牆壁、防火門窗等防火設備及該樓層防火構造之樓地板自成一個獨立之防火區劃。高層建築物通達地板面高度五十公尺以上或十六層以上樓層之直通樓梯，均應為**特別安全梯**，且通達地面以上樓層與通達地面以下樓層之**梯間不得直通**。

重點整理：

高層建築物之防火避難：

1. 高層建築物通達地板面高度五十公尺以上或十六層以上樓層之直通樓梯，均應為**特別安全梯**。

2. 通達地面以上樓層與通達地面以下樓層之梯間**不得直通**。

3. 連接特別安全梯間之走廊應以具有一小時以上防火時效之牆壁、防火門窗等防火設備及該樓層防火構造之樓地板自成一個獨立之防火區劃。

4. 設置二座以上之特別安全梯並應符合二方向避難原則，其排煙室並不得共用。

5. 使用燃氣設備之廚房應為具一小時以上防火時效之獨立防火區劃。

題庫練習：

（A）　有關高層建築物之防火避難之敘述，下列何者錯誤？　　　【適中】

（A）通達高度 50 公尺以上或 16 層以上樓層之直通樓梯均應為特別安全梯或戶外梯

（B）通達地面以上樓層與通達地面以下樓層之梯間不得直通

（C）連接昇降機間之走廊，應為具 1 小時以上防火時效之獨立防火區劃

（D）高層住宅使用燃氣設備之廚房應為具 1 小時以上防火時效之獨立防火區劃

九十二、建築技術規則第 242 條

關鍵字與法條	條文內容
昇降機間防火時效 【建築技術規則#242】	高層建築物昇降機道併同**昇降機間應以具有一小時以上防火時效之牆壁、防火門窗等防火設備及該處防火構造之樓地板自成一個獨立之防火區劃。** 昇降機間出入口裝設之防火設備應具有遮煙性能。連接昇降機間之走廊，應以具有一小時以上防火時效之牆壁、防火門窗等防火設備及該層防火構造之樓地板自成一個獨立之防火區劃。

重點整理：

昇降機間 ：

應以具有一小時以上防火時效之牆壁、防火門窗等防火設備及該處防火構造之樓地板自成一個獨立之防火區劃。

題庫練習：

（B）　請就原有合法建築物垂直區劃之昇降機間部分，應以具有幾小時以上防火時效之牆壁、防火設備與該處防火構造之樓板形成區劃分隔？

　　　　　　　　　　　　　　　　　　　　　　　　　　　　【非常簡單】

（A) 0.5 小時　　　　（B) 1 小時　　　　（C) 1.5 小時　　　　（D) 2 小時

九十三、建築技術規則第 266 條

關鍵字與法條	條文內容
設置戶外階梯【建築技術規則 #266】	建築物至建築線間之通路或建築物至通路間設置戶外階梯者，應依下列規定辦理： 一、戶外階梯高度**每三公尺應設置平台一處**，平台深度不得小於階梯寬度。但**平台深度大於二公尺者，得免再增加其寬度**。 二、戶外階梯每階之級深及級高，應依左列公式計算： 　　$2R + T \geqq 64$（CM）且 $R \leqq 18$（CM） 　　R：每階之級高。 　　T：每階之級深。 三、戶外階梯**寬度不得小於一點二公尺**。但以戶外階梯為私設通路或基地內通路者，其階梯及平台之寬度應依私設通路寬度之規定。 以坡道代替前項戶外階梯者，其坡度不得大於一比八。

重點整理：

戶外階梯 ：

1. 戶外階梯高度每三公尺應設置平台一處。

2. 平台深度大於二公尺者，得免再增加其寬度。

3. 戶外階梯寬度不得小於一點二公尺。

4. 每階之級高 $\leqq 18$（cm）。

5. 階梯的級深加二倍級高應大於或等於 **64**（cm）。

題庫練習：

（AB）依建築技術規則山坡地建築專章，山坡地建築物至建築線間的通路設置
戶外階梯，下列敘述何者錯誤？　　　　　　　　　　　　　【非常困難】
①階梯高度每 4 公尺應設置平台一處②平台深度大於 2 公尺得免再增加
其寬度③階梯寬度不得小於 1.3 公尺④階梯級高應小於 18 公分⑤階梯的
級深加二倍級高應大於或等於 60 公分
(A) ①③⑤　　　(B) ①④⑤　　　(C) ②③④　　　(D) ②③⑤

九十四、建築技術規則第 267 條

關鍵字與法條	條文內容
最大樓地板面積【建築技術規則 #267】	建築基地地下各層最大樓地板面積計算公式如下： A0 < (1 + Q)A/2 A0：地下各層最大樓地板面積。 A：建築基地面積。 Q：該基地之最大建蔽率。 建築物因施工安全或停車設備等特殊需要，經主管建築機關審定有增加地下各層樓地板面積必要者，得不受前項限制。 建築基地內原有樹木，其距離地面一公尺高之樹幹周長大於五十公分以上經列管有案者，應予保留或移植於基地之空地內。

重點整理：

公式：A0 < (1 + Q)A/2

A0：地下各層最大樓地板面積。

A：建築基地面積。

Q：該基地之最大建蔽率。

算式：(1 + 40%)200/2 = (1 + 0.4)200/2 = 140 平方公尺。

題庫練習：

(E) 有一山坡地建築，其基地面積為 200 平方公尺，建蔽率為 40%，容積率為 100%，請問此建築地下各層最大樓地板面積為多少平方公尺？
(A) 120 平方公尺　　(B) 140 平方公尺　　(C) 160 平方公尺
(D)180 平方公尺　　(E) 一律給分

九十五、建築技術規則第 278 條

關鍵字與法條	條文內容
工廠類建築物裝卸位尺寸【建築技術規則 #278】	作業廠房樓地板面積一千五百平方公尺以上者，應設一處裝卸位；面積超過一千五百平方公尺部分，每增加四千平方公尺，應增設一處。 前項裝卸位**長度不得小於十三公尺，寬度不得小於四公尺**，淨高不得低於四點二公尺。

重點整理：

工廠類建築物 裝卸位 尺寸：

長度不得小於十三公尺，寬度不得小於四公尺，淨高不得低於四點二公尺。

題庫練習：

（B）	依建築技術規則工廠類建築物之規定，如需設置裝卸位者，其寬度、長度各不得小於多少公尺？　　　　　　　　　　　　　【簡單】 (A) 3、10　　　　(B) 4、13　　　　(C) 5、16　　　　(D) 6、19

九十六、建築技術規則第 273、275、278、280 條

關鍵字與法條	條文內容
工廠類建築物不適用 【建築技術規則#273】	本編第一條第三款陽臺面積得不計入建築面積及第一百六十二條第一款陽臺面積得不計入該層樓地板面積之規定，於**工廠類建築物不適用之**。
對角線長度之半 【建築技術規則#275】	工廠類建築物設有二座以上直通樓梯者，其樓梯口相互間之直線距離不得小於建築物區劃範圍**對角線長度之半**。
作業廠房樓地板面積 【建築技術規則#278】	作業廠房樓地板面積**一千五百平方公尺**以上者，應設一處裝卸位；面積超過**一千五百平方公尺**部分，每增加**四千平方公尺**，應增設一處。 前項裝卸位長度不得小於十三公尺，寬度不得小於四公尺，淨高不得低於四點二公尺。
衛生設備應集中設置 【建築技術規則#280】	工廠類建築物每一樓層之衛生設備應集中設置。但該層樓地板面積超過**五百平方公尺**者，每超過**五百平方公尺**得增設一處，不足一處者以一處計。

重點整理：

工廠類建築物規定：

1. 陽臺面積於工廠類建築物應計入該層樓地板面積。

2. 工廠類建築物設有二座以上直通樓梯者，**對角線長度之半**。

3. 樓地板面積**一千五百平方公尺**以上者，應設一處裝卸位；每增加四千平

方公尺，應增設一處。

4. 衛生設備應集中設置，每超過**五百平方公尺**得增設一處。

題庫練習：

（D）	依建築技術規則工廠類建築規定，下列敘述何者錯誤？
	(A) 陽臺面積於工廠類建築物應計入該層樓地板面積
	(B) 工廠類建築物每一樓層之衛生設備應集中設置；但該層樓地板面積超過 500 平方公尺者，每超過 500 平方公尺得增設一處，不足一處者以一處計
	(C) 作業廠房樓地板面積 1500 平方公尺以上者，應設一處裝卸位；面積超過 1500 平方公尺部分，每增加 4000 平方公尺，應增設一處
	(D) 工廠類建築物設有二座以上直通樓梯者，其樓梯口相互間之直線距離不得小於建築物區劃範圍對角線長度之 1/3

九十七、建築技術規則第 287 條

關鍵字與法條	條文內容
法定空地面積 【建築技術規則 #287】	建築物留設之開放空間有效面積之總和，不得少於法定空地面積之百分之六十。

重點整理：

建築物留設之開放空間，不得少於**法定空地面積之百分之六十**。

題庫練習：

（D）	依建築技術規則規定，實施都市計畫地區建築基地綜合設計，建築物留設之開放空間有效面積總和，不得少於法定空地面積百分之多少？
	【困難】
	(A) 30　　　　　　(B) 40　　　　　　(C) 50　　　　　　(D) 60

九十八、建築技術規則第 300 條

關鍵字與法條	條文內容
不計入機電設備面積 【建築技術規則#300】	一、建築基地因設置雨水貯留利用系統及生活雜排水回收再利用系統，所增加之設備空間，於樓地板面積容積**千分之五**以內者，得不計入容積樓地板面積及不計入機電設備面積。 二、建築物設置雨水貯留利用系統及生活雜排水回收再利用系統者，其屋頂突出物之高度得不受本編第一條第九款第一目之限制。但不超過九公尺。

重點整理：

得不計入容積樓地板面積及不計入機電設備面積。

題庫練習：

（A）　依建築技術規則規定，建築基地因設置雨水貯留利用系統及生活雜排水回收再利用系統，所增加之設備空間，於樓地板面積容積一定比例以內者，得不計入容積樓地板面積及不計入機電設備面積，其最高比例為何？

【適中】

(A) 千分之五　(B) 千分之十　(C) 千分之二十　(D) 千分之五十

九十九、建築技術規則第 302 條

關鍵字與法條	條文內容
二氧化碳固定量基準值之乘積 【建築技術規則#302】	建築基地之綠化，其綠化總二氧化碳固定量應大於二分之一最小綠化面積與下表二氧化碳固定量基準值之乘積。

使用分區或用地	二氧化碳固定量基準值（公斤／平方公尺）
學校用地、公園用地	五百
商業區、工業區（不含科學園區）	三百
前二類以外之建築基地	四百

補充說明：

修正法規：

使用分區或用地	二氧化碳固定量基準值 （公斤／平方公尺）
學校用地、公園用地	0.83
商業區、工業區（不含科學園區）	0.5
前二類以外之建築基地	0.66

重點整理：

二氧化碳固定量基準值：

1. 學校用地、公園用地 0.83（公斤／平方公尺）。

2. 商業區、工業區（不含科學園區）0.5（公斤／平方公尺）。

3. 前二類以外之建築基地 0.66（公斤／平方公尺）。

題庫練習：

(C) 住宅區建築基地之綠化，其二氧化碳固定量基準值為多少 kg/m^2 ？
(A) 200　　　　(B) 300　　　　(C) 400　　　　(D) 500

一○○、建築技術規則第 100 條

關鍵字與法條	條文內容
基樁以整支應用原則 **【建築技術規則 #100】**	基樁以整支應用為原則，樁必須接合施工時，其接頭應不得在基礎版面下三公尺以內，樁接頭不得發生脫節或彎曲之現象。基樁本身容許強度應按基礎構造設計規範依接頭型式及接樁次數折減之。

重點整理：

基樁以整支應用為原則，樁必須接合施工時，其接頭應不得在基礎版面下三公尺以內，樁接頭不得發生脫節或彎曲之現象。

題庫練習：

（C）	依建築技術規則建築構造編第 100 條規定，基樁以整支應用為原則，樁必須接合施工時，其接頭應至少不得在基礎版面下多少公尺以內，且樁接頭不得發生脫節或彎曲之現象？　【適中】
	(A) 5　　　　　　(B) 4　　　　　　(C) 3　　　　　　(D) 2

一○一、建築技術規則第 7 條

關鍵字與法條	條文內容
應接至緊急電源 【建築技術規則 #7】	建築物內之下列各項設備應接至緊急電源： 一、**火警自動警報設備**。二、緊急廣播設備。 三、**地下室排水、污水抽水幫浦**。四、消防幫浦。 五、消防用排煙設備。六、緊急昇降機。 七、緊急照明燈。八、**出口標示燈**。 九、避難方向指示燈。十、緊急電源插座。 十一、防災中心用電設備。

重點整理：

應接至緊急電源之設備：

1. 火警自動警報設備。

2. 地下室排水、污水抽水幫浦。

3. 出口標示燈。

4. 防災中心用電設備。

5. 消防用排煙設備。

6. 消防幫浦。

題庫練習：

（B）	某企業總部大樓之何種內部設備可以不必接至緊急電源？　【簡單】
	(A) 地下室排水、污水抽水幫浦　　(B) 辦公室電腦不斷電系統
	(C) 出口標示燈　　　　　　　　　(D) 火警自動警報設備

都市計畫法體系（含都市更新條例及其子法）

一、都市計畫法第 11、15、19、20、22 條

關鍵字與法條	條文內容
擬定鄉街計畫 【都市計畫法#11】	下列各地方應擬定**鄉街計畫**： 一、鄉公所所在地。 二、人口集居五年前已達三千，而在最近五年內已增加三分之一以上之地區。 三、**人口集居達三千，而其中工商業人口占就業總人口百分之五十以上之地區。** 四、其他經縣（局）政府指定應依本法擬定鄉街計畫之地區。
1. 市鎮計畫書應表明之事 **2. 主要計畫圖，其比例尺** 【都市計畫法#15】	市鎮計畫應先擬定主要計畫書，並視其實際情形，就下列事項分別表明之： 一、當地自然、社會及經濟狀況之調查與分析。 二、**行政區域及計畫地區範圍。** 三、**人口之成長、分布、組成、計畫年期內人口與經濟發展之推計。** 四、住宅、商業、工業及其他土地使用之配置。 五、名勝、古蹟及具有紀念性或藝術價值應予保存之建築。 六、主要道路及其他公眾運輸系統。 七、主要上下水道系統。 八、**學校用地、大型公園、批發市場及供作全部計畫地區範圍使用之公共設施用地。** 九、實施進度及經費。 十、其他應加表明之事項。 前項主要計畫書，除用文字、圖表說明外，應附**主要計畫圖，其比例尺不得小於一萬分之一**；其**實施進度以五年為一期，最長不得超過二十五年。**
有關各級都市計畫委員會對主要計畫審議期限之規定 【都市計畫法#19】	主要計畫擬定後，送該管政府都市計畫委員會審議前，應於各該直轄市、縣（市）（局）政府及鄉、鎮、縣轄市公所公開展覽三十天及舉行說明會，並應將公開展覽及說明會之日期及地點刊登新聞紙或新聞電子報周知；任何公民或團體得於公開展覽期間內，以書面載明姓名或名稱及地址，向該管政府提出意見，由該管政府都市計畫委員會予以參考審議，連同審議結果及主要計畫一併報請內政部核定之。

關鍵字與法條	條文內容
	前項之**審議，各級都市計畫委員會應於六十天內完成。但情形特殊者，其審議期限得予延長，延長以六十天為限。** 該管政府都市計畫委員會審議修正，或經內政部指示修正者，免再公開展覽及舉行說明會。
主要計畫核定機關 【都市計畫法#20】	主要計畫應依下列規定分別層報核定之： 一、首都之主要計畫由**內政部核定**，轉報行政院備案。 二、直轄市、省會、市之主要計畫由內政部核定。 三、**縣政府所在地及縣轄市**之主要計畫由**內政部核定**。 四、鎮及鄉街之主要計畫由內政部核定。 五、特定區計畫由縣（市）（局）政府擬定者，由內政部核定；直轄市政府擬定者，由內政部核定，轉報行政院備案；內政部訂定者，報行政院備案。 主要計畫在區域計畫地區範圍內者，內政部在訂定或核定前，應先徵詢各該區域計畫機構之意見。 第一項所定應報請備案之主要計畫，非經准予備案，不得發布實施。但備案機關於文到後三十日內不為准否之指示者，視為准予備案。
細部計畫圖，其比例尺 【都市計畫法#22】	細部計畫應以**細部計畫書**及**細部計畫圖**就下列事項表明之： 一、**計畫地區範圍。**　　二、居住密度及容納人口。 三、**土地使用分區管制。**　四、**事業及財務計畫。** 五、**道路系統。**　　　　六、**地區性之公共設施用地。** 七、其他。前項**細部計畫圖比例尺不得小於一千二百分之一**。

題庫練習：

（B）1.　依都市計畫法之規定，下列何者非為市鎮計畫書應表明之事？【簡單】
　　(A) 行政區域及計畫地區範圍
　　(B) 施工計畫書
　　(C) 學校用地、大型公園等供作全部計畫地區範圍使用之公共設施用地
　　(D) 人口之成長、分布、組成、計畫年期內人口與經濟發展之推計

（D）2.　依都市計畫法，下列有關都市計畫之擬定、發布及實施，下列敘述何者正確？　　　　　　　　　　　　　　　　　　　　　　　　【適中】
　　(A) 人口集居達 3,000，而其中工商業人口占就業總人口百分之五十以上之地區，應擬定特定區計畫
　　(B) 市鎮計畫之主要計畫書，其實施進度以 5 年為一期，最長不得超過 20 年

(C) 首都之主要計畫由行政院核定

(D) 縣政府所在地及縣轄市之主要計畫由內政部核定

(A) 3. 有關各級都市計畫委員會對主要計畫審議期限之規定，下列何者正確？　　　　　　　　　　　　　　　　　　　　　　【適中】

(A) 應於 60 天完成，情形特殊者，得予延長 60 天為限

(B) 應於 30 天完成，情形特殊者，得予延長 60 天為限

(C) 應於 60 天完成，情形特殊者，得予延長 45 天為限

(D) 應於 30 天完成，情形特殊者，得予延長 30 天為限

(B) 4. 依都市計畫法有關主要計畫圖（甲）及細部計畫圖（乙）比例尺的規定，下列何者正確？　　　　　　　　　　　　　　　　【簡單】

(A) 甲：不得小於 1/15,000；乙：不得小於 1/1,200

(B) 甲：不得小於 1/10,000；乙：不得小於 1/1,200

(C) 甲：不得小於 1/10,000；乙：不得小於 1/1,500

(D) 甲：不得小於 1/5,000；乙：不得小於 1/1,500

(D) 5. 下列何者非為細部計畫書圖應表明之事項？　　　　　【簡單】

(A) 計畫地區範圍　　　　　　(B) 土地使用分區管制

(C) 地區性之公共設施用地　　(D) 主要上下水道系統

(D) 6. 主要計畫實施進度為以多少（X）年為一期，最長不得超過多少（Y）年？　　　　　　　　　　　　　　　　　　　　　　　【適中】

(A) X = 5，Y = 15　　　　　　(B) X = 5，Y = 20

(C) X = 10，Y = 20　　　　　 (D) X = 5，Y = 25

(D) 7. 下列何者不是都市計畫之細部計畫書及計畫圖應表明的事項？【適中】

(A) 道路系統　　　　　　　　(B) 事業及財務計畫

(C) 地區性之公共設施用地　　(D) 工程進度

二、都市計畫法第 24、26、27 條

關鍵字與法條	條文內容
都市計畫法中規定的變更途徑【都市計畫法#24】	土地權利關係人為促進其土地利用，得配合當地分區發展計畫，**自行擬定或變更細部計畫**，並應附具事業及財務計畫，申請當地直轄市、縣（市）（局）政府或鄉、鎮、縣轄市公所依前條規定辦理。
都市計畫法中規定的變更途徑【都市計畫法#26】	都市計畫經發布實施後，不得隨時任意變更。但擬定計畫之機關每三年內或五年內至少應**通盤檢討**一次，依據發展情況，並參考人民建議作必要之變更。對於非必要之公共設施用地，應變更其使用。 前項都市計畫定期通盤檢討之辦理機關、作業方法及檢討基準等事項之實施辦法，由內政部定之。

關鍵字與法條	條文內容
都市計畫經發布實施後，視實際情形，應迅行變更【都市計畫法#27】	都市計畫經發布實施後，遇有下列情事之一時，當地直轄市、縣（市）（局）政府或鄉、鎮、縣轄市公所，應視實際情況迅行變更： 一、因戰爭、地震、水災、風災、火災或其他**重大事變遭受損壞時**。 二、為避免重大災害之發生時。 三、**為適應國防或經濟發展之需要時**。 四、**為配合中央、直轄市或縣（市）興建之重大設施時**。 前項都市計畫之變更，內政部或縣（市）（局）政府得指定各該原擬定之機關限期為之，必要時，並得逕為變更。

題庫練習：

（B）1.	都市計畫經頒布實施後，不得隨時任意變更，有關都市計畫法中規定的變更途徑，下列何者錯誤？　　　　　　　　　　　【適中】 (A) 自行擬定細部計畫　(B) 特殊變更　(C) 通盤檢討　(D) 迅行變更
（C）2.	都市計畫經發布實施後，視實際情形，應迅行變更的情況，下列何者不包括在內？　　　　　　　　　　　　　　　　　【簡單】 (A) 重大事變地區遭受損壞時　　(B) 為適應國防及經濟發展需求時 (C) 因應移入人口快速增加時　　(D) 配合政府興建重大設施時

三、都市計畫法第 1、5、7、9 條

關鍵字與法條	條文內容
立法宗旨【都市計畫法#1】	為改善居民生活環境，並促進市、鎮、鄉街有計畫之均衡發展，特制定本法。
現在及既往情況【都市計畫法#5】	都市計畫應依據現在及既往情況，並預計**二十五年內**之發展情形訂定之。
優先發展區【都市計畫法#7】	本法用語定義如左： 一、主要計畫：係指依第十五條所定之主要計畫書及主要計畫圖，作為擬定細部計畫之準則。 二、細部計畫：係指依第二十二條之規定所為之細部計畫書及細部計畫圖，作為實施都市計畫之依據。 三、都市計畫事業：係指依本法規定所舉辦之公共設施、新市區建設、舊市區更新等實質建設之事業。 四、優先發展區：係指預計在 十 年內必須優先規劃建設發展之都市計畫地區。

關鍵字與法條	條文內容
	五、新市區建設：係指建築物稀少，尚未依照都市計畫實施建設發展之地區。 六、舊市區更新：係指舊有建築物密集，畸零破舊，有礙觀瞻，影響公共安全，必須拆除重建，就地整建或特別加以維護之地區。
都市計畫分幾種 【都市計畫法 #9】	都市計畫分為下列三種： 一、市（鎮）計畫。二、鄉街計畫。三、特定區計畫。

題庫練習：

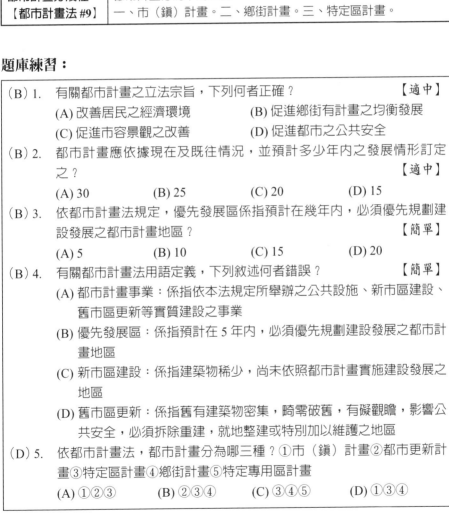

（B）1. 有關都市計畫之立法宗旨，下列何者正確？　　　　　　　　　　【適中】
　　　(A) 改善居民之經濟環境　　　　　(B) 促進鄉街有計畫之均衡發展
　　　(C) 促進市容景觀之改善　　　　　(D) 促進都市之公共安全

（B）2. 都市計畫應依據現在及既往情況，並預計多少年內之發展情形訂定之？　　　　　　　　　　　　　　　　　　　　　　　　　　　【適中】
　　　(A) 30　　　　　　(B) 25　　　　　　(C) 20　　　　　　(D) 15

（B）3. 依都市計畫法規定，優先發展區係指預計在幾年內，必須優先規劃建設發展之都市計畫地區？　　　　　　　　　　　　　　　　【簡單】
　　　(A) 5　　　　　　 (B) 10　　　　　　(C) 15　　　　　　(D) 20

（B）4. 有關都市計畫法用語定義，下列敘述何者錯誤？　　　　　　　【簡單】
　　　(A) 都市計畫事業：係指依本法規定所舉辦之公共設施、新市區建設、舊市區更新等實質建設之事業
　　　(B) 優先發展區：係指預計在 5 年內，必須優先規劃建設發展之都市計畫地區
　　　(C) 新市區建設：係指建築物稀少，尚未依照都市計畫實施建設發展之地區
　　　(D) 舊市區更新：係指舊有建築物密集，畸零破舊，有礙觀瞻，影響公共安全，必須拆除重建，就地整建或特別加以維護之地區

（D）5. 依都市計畫法，都市計畫分為哪三種？①市（鎮）計畫②都市更新計畫③特定區計畫④鄉街計畫⑤特定專用區計畫
　　　(A) ①②③　　　　(B) ②③④　　　　(C) ③④⑤　　　　(D) ①③④

四、都市計畫法第 40、41、42、45、46、48 條

關鍵字與法條	條文內容
實施建築管理 【都市計畫法#40】	都市計畫經發布實施後，應依建築法之規定，實施建築管理。
不合土地使用分區規定 【都市計畫法#41】	都市計畫發布實施後，**其土地上原有建築物不合土地使用分區規定者，除准修繕外，不得增建或改建。**當地直轄市、縣（市）（局）政府或鄉、鎮、縣轄市公所認有必要時，得斟酌地方情形限期令其變更使用或遷移；其因變更使用或遷移所受之損害，應予適當之補償，補償金額由雙方協議之；協議不成，由當地直轄市、縣（市）（局）政府函請內政部予以核定。
公共設施用地 【都市計畫法#42】	都市計畫地區範圍內，應視實際情況，分別設置下列公共設施用地： 一、道路、公園、**綠地、廣場、兒童遊樂場**、民用航空站、停車場所、河道及港埠用地。 二、學校、社教機構、社會福利設施、體育場所、市場、醫療衛生機構及機關用地。 三、上下水道、郵政、電信、變電所及其他公用事業用地。 四、本章規定之其他公共設施用地。 前項各款公共設施用地應儘先利用適當之公有土地。
土地總面積最低不得少於全部計畫面積多少 % 【都市計畫法#45】	公園、體育場所、綠地、廣場及兒童遊樂場，應依計畫人口密度及自然環境，作有系統之布置，除具有特殊情形外，其占用土地總面積不得少於全部計畫面積**百分之十**。
適當配置之公共設施 【都市計畫法#46】	中小學校、社教場所、社會福利設施、市場、郵政、電信、變電所、衛生、警所、消防、防空等公共設施，應按閭鄰單位或居民分布情形適當配置之。
公共設施保留地之取得方式 【都市計畫法#48】	依本法指定之公共設施保留地供公用事業設施之用者，由各該事業機構依法予以徵收或購買；其餘由該管政府或鄉、鎮、縣轄市公所依左列方式取得之：一、徵收。二、區段徵收。三、市地重劃。

題庫練習：

（B）1.　依建築法、都市計畫法及區域計畫法的規定，有關依建築法實施建築管理之敘述，下列何者錯誤？　　　　　　　　　　【適中】

　　(A) 都市計畫範圍內土地實施建築管理之法定起始日，依都市計畫法第 40 條規定，係為當地都市計畫發布實施之日期

(B) 區域計畫範圍內土地實施建築管理之法定起始日，依實施區域計畫地區建築管理辦法第 2 條規定，係為當地區域計畫發布實施之日期

(C) 不論位於實施都市計畫地區、實施區域計畫地區或經內政部指定地區，要於實施建築管理之法定起始日前已建造完成者，即為建築法所稱之合法建築物

(D) 不論是否位於實施都市計畫地區、實施區域計畫地區或經內政部指定地區，屬供公眾使用建築物或公有建築物者，均應實施建築管理

（B）2. 依都市計畫法，都市計畫發布實施後，其土地上原有建築物不合土地使用分區規定者，下列敘述何者正確？　　　　　　　　【簡單】

(A) 除准修繕及增建外，不得改建

(B) 除准修繕外，不得增建或改建

(C) 除准修繕及改建外，不得增建

(D) 除准變更使用外，不得修繕或改建

（B）3. 都市計畫地區範圍內，應視實際情況設置公共設施用地。下列何者不屬於用地項目？　　　　　　　　　　　　　　　　　　【簡單】

(A) 廣場　　　　　(B) 古蹟　　　　　(C) 綠地　　　　　(D) 兒童遊樂場

（C）4. 都市計畫地區範圍內，其公園、體育場所、綠地、廣場及兒童遊樂場，應依計畫人口密度及自然環境，作有系統之布置，其占用土地總面積最低不得少於全部計畫面積多少 %：　　　　　　　　　　【簡單】

(A) 5　　　　　　(B) 8　　　　　　(C) 10　　　　　(D) 12

（B）5. 依都市計畫法，下列何者非屬應按閭鄰單位或居民分布情形適當配置之公共設施？　　　　　　　　　　　　　　　　　　　　【簡單】

(A) 中小學校　　　(B) 加油站　　　　(C) 社教場所　　　(D) 社會福利設施

（B）6. 依都市計畫法第 48 條之規定，政府取得公共設施用地之方式，不包括下列何者？　　　　　　　　　　　　　　　　　　　【非常簡單】

(A) 徵收　　　　　(B) 都市更新　　　(C) 區段徵收　　　(D) 市地重劃

（B）7. 都市更新事業計畫範圍內重建區段之土地，以權利變換方式實施，但由主管機關或其他機關辦理者，得以下列何種方式實施？①徵收②協議合建③區段徵收④市地重劃　　　　　　　　　　　　　　【簡單】

(A) ①②④　　　　(B) ①③④　　　　(C) ①②③　　　　(D) ②③④

五、都市計畫法第 50、51、58 條

關鍵字與法條	條文內容
得申請為臨時建築使用	【都市計畫法 #50】 公共設施保留地在未取得前，**得申請為臨時建築使用**。

關鍵字與法條	條文內容
【都市計畫法#50】	前項臨時建築之權利人，經地方政府通知開闢公共設施並限期拆除回復原狀時，應自行無條件拆除；其不自行拆除者，予以強制拆除。 都市計畫公共設施保留地臨時建築使用辦法，由內政部定之。 **【都市計畫公共設施保留地臨時建築使用辦法 #4】** 公共設施保留地臨時建築不得妨礙既成巷路之通行，鄰近之土地使用分區及其他法令規定之禁止或限制建築事項，並以下列建築使用為限： 一、臨時建築權利人之自用住宅。 二、菇寮、花棚、養魚池及其他供農業使用之建築物。 三、小型游泳池、運動設施及其他供社區遊憩使用之建築物。 四、**幼稚園**、托兒所、簡易汽車駕駛訓練場。 五、臨時攤販集中場。 六、停車場、無線電基地臺及其他交通服務設施使用之建築物。 七、其他依都市計畫法第五十一條規定得使用之建築物。 前項建築使用細目、建蔽率及最大建築面積限制，由直轄市、縣（市）政府依當地情形及公共設施興闢計畫訂定之。 **【都市計畫公共設施保留地臨時建築使用辦法 #5】** 公共設施保留地臨時建築之構造以木構造、**磚造**、鋼構造及冷軋型鋼構造等之**地面上一層建築物為限，簷高不得超過三點五公尺**。但前條第一項第二款、第三款及第六款之臨時建築以木構造、鋼構造及冷軋型鋼構造建造，且經直轄市、縣（市）政府依當地都市計畫發展情形及建築結構安全核可者，其簷高得為十公尺以下。 前條第一項第六款停車場之臨時建築以鋼構造或冷軋型鋼構造建造，經當地直轄市或縣（市）交通主管機關依其都市發展現況，鄰近地區停車需求、都市計畫、都市景觀、使用安全性及對環境影響等有關事項審查核可者，其樓層數不受前項之限制。
得申請與公有非公用土地辦理交換 【都市計畫法 #50-2】	**私有公共設施保留地得申請與公有非公用土地辦理交換**，不受土地法、國有財產法及各級政府財產管理法令相關規定之限制；劃設逾二十五年未經政府取得者，得優先辦理交換。 前項土地交換之範圍、優先順序、換算方式、作業方法、辦理程序及應備書件等事項之辦法，由內政部會商財政部定之。 本條之施行日期，由行政院定之。
得繼續為原來之使用或改為妨礙目的較輕之使用 【都市計畫法 #51】	**依本法指定之公共設施保留地，不得為妨礙其指定目的之使用。**但得繼續為原來之使用或改為妨礙目的較輕之使用。

關鍵字與法條	條文內容
修訂土地重劃計畫書 【都市計畫法#58】	縣（市）（局）政府為實施新市區之建設，對於劃定範圍內之土地及地上物得實施區段徵收或土地重劃。 依前項規定辦理土地重劃時，該管地政機關應擬具土地重劃計畫書，呈經上級主管機關核定公告滿三十日後實施之。 在前項公告期間內，**重劃地區內土地所有權人半數以上，而其所有土地面積超過重劃地區土地總面積半數者表示反對時**，該管地政機關應參酌反對理由，**修訂土地重劃計畫書**，重行報請核定，並依核定結果辦理，免再公告。 土地重劃之範圍選定後，直轄市、縣（市）（局）政府得公告禁止該地區之土地移轉、分割、設定負擔、新建、增建、改建及採取土石或變更地形。但禁止期間，不得超過一年六個月。 土地重劃地區之最低面積標準、計畫書格式及應訂事項，由內政部訂定之。

題庫練習：

（C）1. 依都市計畫公共設施保留地臨時建築使用辦法，都市計畫公共設施保留地之土地所有權人，得有條件申請下列何種使用之一層樓、3.5 公尺高之臨時建築？　　　　　　　　　　　　　　【適中】
(A) R.C. 造之商業店鋪　　　　　　(B) 鋼構造之商業電子遊樂場
(C) 磚造之幼稚園　　　　　　　　(D) R.C. 造之出租套房

（A）2. 依都市計畫法對公共設施保留地規定，下列敘述何者正確？　【困難】
(A) 依都市計畫法指定之公共設施保留地，得繼續為原來之使用或改為妨礙目的較輕之使用
(B) 私有公共設施保留地不得申請與公有非公用土地辦理交換
(C) 都市計畫公共設施保留地臨時建築使用辦法，由直轄市、縣（市）政府定之
(D) 公共設施保留地在未取得前，不得申請為臨時建築使用

（C）3. 按都市計畫法，縣（市）政府依規定辦理土地重劃，公告期間重劃區內土地所有權人多少比率（X）以上，而其所有土地面積超過重劃地區土地總面積多少比率（Y）以上者表示反對時，該管地政機關應參酌反對理由修訂土地重劃計畫書？　　　　　　　　　　　　　　　【適中】
(A) X：1/2 Y：2/3　　　　　　　(B) X：2/3 Y：1/2
(C) X：1/2 Y：1/2　　　　　　　(D) X：2/3 Y：2/3

六、都市計畫法第 61、64 條

關鍵字與法條	條文內容
申請建設範圍之土地面積至少應在多少公頃以上？ 【都市計畫法#61】	**私人或團體申請當地直轄市、縣（市）（局）政府核准後，得舉辦新市區之建設事業。但其申請建設範圍之土地面積至少應在十公頃以上**，並應附具下列計畫書件： 一、土地面積及其權利證明文件。二、細部計畫及其圖說。 三、公共設施計畫。四、建築物配置圖。 五、工程進度及竣工期限。六、財務計畫。 七、建設完成後土地及建築物之處理計畫。 前項私人或團體舉辦之新市區建設範圍內之道路、兒童遊樂場、公園以及其他必要之公共設施等，應由舉辦事業人自行負擔經費。
1. 都市更新處理方式 2. 重建、整建、維護 【都市計畫法#64】	**都市更新處理方式，分為下列三種：** 一、**重建**：係為全地區之徵收、拆除原有建築、重新建築、住戶安置，並得變更其土地使用性質或使用密度。 二、**整建**：強制區內建築物為改建、修建、維護或設備之充實，必要時，對部分指定之土地及建築物徵收、拆除及重建，改進區內公共設施。 三、**維護**：加強區內土地使用及建築管理，改進區內公共設施，以保持其良好狀況。 前項更新地區之劃定，由直轄市、縣（市）（局）政府依各該地方情況，及按各類使用地區訂定標準，送內政部核定。

題庫練習：

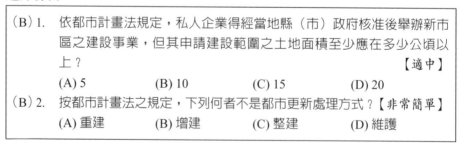

（B）1. 依都市計畫法規定，私人企業得經當地縣（市）政府核准後舉辦新市區之建設事業，但其申請建設範圍之土地面積至少應在多少公頃以上？　　　　　　　　　　　　　　　　　　　　　　　　【適中】
　　　　(A) 5　　　　　　(B) 10　　　　　　(C) 15　　　　　　(D) 20

（B）2. 按都市計畫法之規定，下列何者不是都市更新處理方式？【非常簡單】
　　　　(A) 重建　　　　　(B) 增建　　　　　(C) 整建　　　　　(D) 維護

七、都市計畫法第 79、80、81、82 條

關鍵字與法條	條文內容
土地或建築物所有人、使用人或管理人處以罰則 【都市計畫法#79】	都市計畫範圍內土地或建築物之使用，或從事建造、採取土石、變更地形，違反本法或內政部、直轄市、縣（市）（局）政府依本法所發布之命令者，當地地方政府或鄉、鎮、縣轄市公所得處其土地或建築物所有權人、使用人或管理人新臺幣**六萬元以上三十萬元以下罰鍰**，並勒令拆除、改建、停止使用或恢復原狀。**不拆除、改建、停止使用或恢復原狀者，得按次處罰，並停止供水、供電、封閉、強制拆除**或採取其他恢復原狀之措施，其費用由土地或建築物所有權人、使用人或管理人負擔。 前項罰鍰，經限期繳納，屆期不繳納者，依法移送強制執行。 依第八十一條劃定地區範圍實施禁建地區，適用前二項之規定。
處 6 個月以下有期徒刑或拘役 【都市計畫法#80】	不遵前條規定拆除、改建、停止使用或恢復原狀者，除應依法予以行政強制執行外，並得**處六個月以下有期徒刑或拘役**。
禁建範圍及期限 【都市計畫法#81】	依本法新訂、擴大或變更都市計畫時，得先行劃定計畫地區範圍，經由該管都市計畫委員會通過後，得禁止該地區內一切建築物之新建、增建、改建，並禁止變更地形或大規模採取土石。但為軍事、緊急災害或公益等之需要，或施工中之建築物，得特許興建或繼續施工。 前項特許興建或繼續施工之准許條件、辦理程序、應備書件及違反准許條件之廢止等事項之辦法，由內政部定之。 第一項**禁止期限，視計畫地區範圍之大小及舉辦事業之性質定之。但最長不得超過二年。** 前項**禁建範圍及期限，應報請行政院核定。** 第一項特許興建或繼續施工之建築物，如牴觸都市計畫必須拆除時，不得請求補償。
申請復議期限 【都市計畫法#82】	直轄市及縣（市）政府對於內政部核定之主要計畫、細部計畫，如有申請復議之必要時，應於接到核定公文之日起一個月內提出，並以一次為限

題庫練習：

（B）1. 都市計畫範圍內土地或建築物之使用或建造，違反都市計畫法，有關主管機關得依法對其土地或建築物所有人、使用人或管理人處以罰則之敘述，下列何者錯誤？　　　　　　　　　　　　　【適中】
(A) 處新臺幣六萬元以上，三十萬元以下之罰鍰

(B) 予以一年之緩衝期限，勒令拆除、改建、停止使用或恢復原狀

(C) 不依法拆除、改建、停止使用或恢復原狀者，得停止供水、供電

(D) 不遵守規定拆除、改建、停止使用或恢復原狀者，得處六個月以下有期徒刑或拘役

(C) 2. 依都市計畫法，都市計畫範圍內土地或建築物之使用，違反都市計畫法規定者，得勒令拆除、改建、停止使用或恢復原狀。不遵守規定者，除應依法予以行政強制執行外，並得如何處理？　【困難】

(A) 處 6 萬元罰金　　　　　　　　　(B) 處 6 萬元罰鍰

(C) 處 6 個月以下有期徒刑或拘役　(D) 處 1 年有期徒刑

(A) 3. 都市計畫法，新訂、擴大或變更都市計畫時，得先行劃定計畫地區範圍，經由該管都市計畫委員會通過後，得禁止該地區內一切建築物之新建、增建、改建。其禁建範圍及期限，應報請下列何者核定？【困難】

(A) 行政院　(B) 內政部　(C) 直轄市、縣（市）政府　(D) 立法院

(B) 4. 依都市計畫法變更都市計畫時，得先劃定計劃地區範圍，經由該管都市計畫委員會通過後，並得禁止在該地區範圍內一切建築物之新建、增建、改建等行為，但最長不得超過多少年？　【簡單】

(A) 1　　　　　(B) 2　　　　　(C) 3　　　　　(D) 4

(A) 5. 依都市計畫法，直轄市及縣（市）政府對於內政部核定之主要計畫、細部計畫，如有申請復議之必要時，應如何處理？　【困難】

(A) 應於接到核定公文之日起 1 個月內提出

(B) 應於接到核定公文之日起 2 個月內提出

(C) 應於接到核定公文之日起 3 個月內提出

(D) 應於接到核定公文之日起 6 個月內提出

八、都市計畫法臺灣省施行細則第 24、25、28 條

關鍵字與法條	條文內容
文教區的土地使用項目 【都市計畫法臺灣省施行細則 #24】	文教區以供下列使用為主： 一、藝術館、博物館、社教館、圖書館、科學館及紀念性建築物。 二、學校。 三、體育場所、集會所。 四、其他與文教有關，並經縣（市）政府審查核准之設施。
風景區可提供之使用項目？ 【都市計畫法臺灣省施行細則 #25】	風景區為保育及開發自然風景而劃定，以供下列之使用為限： 一、住宅。 二、宗祠及宗教建築。 三、招待所。

關鍵字與法條	條文內容
	四、旅館。 五、俱樂部。 六、遊樂設施。 七、農業及農業建築。 八、紀念性建築物。 九、戶外球類運動場、運動訓練設施。但土地面積不得超過零點三公頃。 十、飲食店。 十一、溫泉井及溫泉儲槽。但土地使用面積合計不得超過三十平方公尺。 十二、其他必要公共與公用設施及公用事業。 前項使用之建築物，其構造造型、色彩、位置應無礙於景觀；縣（市）政府核准其使用前，應會同有關單位審查。 第一項第十二款其他必要公共與公用設施及公用事業之設置，應以經縣（市）政府認定有必要於風景區設置者為限。
保護區內之土地，禁止行為 【都市計畫法臺灣省施行細則 #28】	保護區內之土地，禁止下列行為。但第一款至第五款及第七款之行為，為前條第一項各款設施所必需，且經縣（市）政府審查核准者，不在此限： 一、砍伐竹木。但間伐經中央目的事業主管機關審查核准者，不在此限。 二、破壞地形或改變地貌。 三、破壞或污染水源、堵塞泉源或改變水路及填埋池塘、沼澤。 四、採取土石。 五、焚毀竹、木、花、草。 六、名勝、古蹟及史蹟之破壞或毀滅。 七、其他經內政部認為應行禁止之事項。

題庫練習：

（A）1.	下列何者不是文教區的土地使用項目？	【簡單】
	(A) 宗祠　　　(B) 社教館　　　(C) 博物館　　　(D) 體育場	
（C）2.	依都市計畫法臺灣省施行細則，下列何者非屬風景區可提供之使用項目？	【簡單】
	(A) 住宅　　　　　　　　　(B) 宗祠及宗教建築 (C) 汽車修理廠　　　　　　(D) 招待所	
（C）3.	保護區之土地應禁止的行為是：	【非常簡單】
	(A) 綠化　　　(B) 疏濬河川　　　(C) 採取土石　　　(D) 興建堤防	

九、都市計畫定期通盤檢討實施辦法第 14、18 條

關鍵字與法條	條文內容
辦理通盤檢討 【都市計畫定期通盤檢討實施辦法 #14】	都市計畫發布實施後有下列情形之一者，應即辦理通盤檢討： 一、都市計畫依本法第二十七條之規定辦理變更致原計畫無法配合者。 二、區域計畫公告實施後，原已發布實施之都市計畫不能配合者。 三、都市計畫實施地區之行政界線重新調整，而原計畫無法配合者。 四、經內政部指示為配合都市計畫地區實際發展需要應即辦理通盤檢討者。 五、依第三條規定，合併辦理通盤檢討者。 六、依第四條規定，辦理細部計畫通盤檢討時，涉及主要計畫部分需一併檢討者。
應劃設至少不低於該等地區總面積多少％ 【都市計畫定期通盤檢討實施辦法 #18】	都市計畫通盤檢討變更土地使用分區規模達一公頃以上之地區、新市區建設地區或舊市區更新地區，**應劃設不低於該等地區總面積百分之十之公園、綠地、廣場、體育場所、兒童遊樂場用地，並以整體開發方式興闢之。**

題庫練習：

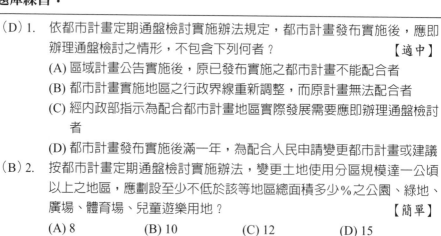

（D）1. 依都市計畫定期通盤檢討實施辦法規定，都市計畫發布實施後，應即辦理通盤檢討之情形，不包含下列何者？　　　　　【適中】
(A) 區域計畫公告實施後，原已發布實施之都市計畫不能配合者
(B) 都市計畫實施地區之行政界線重新調整，而原計畫無法配合者
(C) 經內政部指示為配合都市計畫地區實際發展需要應即辦理通盤檢討者
(D) 都市計畫發布實施後滿一年，為配合人民申請變更都市計畫或建議

（B）2. 按都市計畫定期通盤檢討實施辦法，變更土地使用分區規模達一公頃以上之地區，應劃設至少不低於該等地區總面積多少％之公園、綠地、廣場、體育場、兒童遊樂用地？　　　　　【簡單】
(A) 8　　　　　(B) 10　　　　　(C) 12　　　　　(D) 15

十、都市計畫公共設施用地多目標使用辦法第 2、2-1、12、9 條

關鍵字與法條	條文內容
多目標使用 【都市計畫公共設施用地多目標使用辦法 #2、2-1、12、9】	**【都市計畫公共設施用地多目標使用辦法 #2】** 公共設施用地作多目標使用時，不得影響原規劃設置公共設施之機能，並注意維護景觀、環境安寧、公共安全、衛生及交通順暢。 **【都市計畫公共設施用地多目標使用辦法 #2-1】** 公共設施用地申請作多目標使用，如為新建案件者，其興建後之排水逕流量不得超出興建前之排水逕流量。 **【都市計畫公共設施用地多目標使用辦法 #12】** **公共設施用地得同時作立體及平面多目標使用。** **【都市計畫公共設施用地多目標使用辦法 #9】** 相鄰公共設施用地以多目標方式開發者，得合併規劃興建。

題庫練習：

(C)	依都市計畫公共設施用地多目標使用辦法規定，下列何者錯誤？【非常簡單】 (A) 公共設施用地作多目標使用時，不得影響原規劃設置公共設施之機能，並注意維護景觀、環境安寧、公共安全、衛生及交通順暢 (B) 公共設施用地申請作多目標使用，如為新建案件者，其興建後之排水逕流量不得超出興建前之排水逕流量 (C) 公共設施用地不得同時作立體及平面多目標使用 (D) 相鄰公共設施用地以多目標方式開發者，得合併規劃興建

十一、都市計畫公共設施用地多目標使用辦法第 3 條

關鍵字與法條	條文內容			
可設於其地下空間 【都市計畫公共設施用地多目標使用辦法 #3】	公共設施用地多目標使用之用地類別、使用項目及准許條件，依附表之規定。			
	用地類別	**使用項目**	**准許條件**	**備註**
	廣場	地下作下列使用： 1. 停車場、電動汽機車充電站及電池交換站。 2. 休閒運動設施。	1. 面積零點二公頃以上。但作停車場使用，不在此限。	1. 休閒運動設施之使用同「公園用地」立體多目標使用之使用類別。

關鍵字與法條	條文內容			

	用地類別	使用項目	准許條件	備註
		3. 電信設施、配電場所、變電所及其必要機電設施。 4. 公車站務設施及調度站。 5. 商店街。 6. 社會教育機構及文化機構、集會所及民眾活動中心。 7. 資源回收站。 8. 天然氣整壓站及遮斷設施。	2. 面臨寬度八公尺以上之道路，並設專用出入口及通道。 3. 應有完善之通風、消防及安全設備。 4. 作第五項使用時，限於車站前之廣場用地。 5. 地下建築突出物之量體高度應配合廣場之整體規劃設計。 6. 作資源回收站、天然氣整壓站使用時，應妥予規劃，並確實依環境保護及消防有關法令管理。	2. 社會教育機構及文化機構之使用同「零售市場用地」之使用類別。

關鍵字與法條	條文內容
面積在 5 公頃以下的公園用地類別，其地面作各項使用項目之建築面積至多不得超過多少％？ **【都市計畫公共設施用地多目標使用辦法#3】**	公共設施用地多目標使用之用地類別、使用項目及准許條件，依附表之規定。

用地類別	使用項目	准許條件	備註
公園	1. 社會教育機構及文化機構。 2. 體育館。 3. 休閒運動設施。 4. 集會所、民眾活動中心。 5. 停車場、電動汽機車充電站及電池交換站。	**1. 面積在五公頃以下者，其地面作各項使用之建築面積不得超過百分之十五**；面積超過五公頃者，其超過部分不得超過**百分之十二**。	休閒運動設：公園用地立體多目標使用之使用類別、手球場、棒球場、壘球場、足球場、曲棍球場、滑草場、自由車場、高爾夫球場及其他經中央主管機關會商

關鍵字與法條	條文內容			
	用地類別	使用項目	准許條件	備註
		6. 自來水、再生水、下水道系統相關設施、電信設施、資源回收站等所需之必要設施。 7. 警察分駐（派出）所、崗哨、憲兵或海岸巡防駐所、消防隊。 8. 兒童遊樂設施。	2. 應有整體性之計畫。 3. 應保留總面積二分之一以上之綠覆地。 4. 自來水、再生水、下水道系統相關設施所需之機電及附屬設施用地面積應在七百平方公尺以下，並應有完善之安全設備。 5. 作資源回收站使用時，應妥予規劃，並確實依環境保護有關法令管理。 6. 作第一項、第二項或第四項使用者，得附設教保服務機構、托嬰中心、老人教育訓練場所及社區式長期照顧服務機構使用。 7. 應考量基地之雨水滲透，開挖面積與公園面積之比率合計**不得超過百分之五十**，覆土深度應在二公尺以上。	中央目的事業主管機關認可之項目。 社會教育機構及文化機構之使用同「零售市場用地」之使用類別。 3. 社區式長期照顧服務機構：以日間照顧、家庭托顧為限。

題庫練習：

（B）1. 按都市計畫公共設施用地多目標使用辦法，位於一般市區內，且周圍
未設有車站用地之廣場用地類別，下列何種使用項目可設於其地下空
間？①停車場②休閒運動設施③商店街④民眾活動中心⑤社會福利機
構（社會教育機構及文化機構）　　　　　　　　　　　　　　　【困難】
(A) ①②③　　　　(B) ①②④　　　　(C) ①③④　　　　(D) ①③⑤

（C）2. 按都市計畫公共設施用地多目標使用辦法，面積在 5 公頃以下的公園
用地類別，其地面作各項使用項目之建築面積至多不得超過多少 %？
　　　　　　　　　　　　　　　　　　　　　　　　　　　【非常困難】
(A) 5　　　　　　(B) 10　　　　　　(C) 15　　　　　　(D) 20

十二、都市更新權利變換實施辦法第 2 條、都市計畫定期通盤檢討實施辦法第 31 條

關鍵字與法條	條文內容
權利變換關係人 【都市更新權利變換實施辦法 #2】	本辦法所稱權利變換關係人，指依本條例第六十條規定辦理權利變換之**合法建築物所有權人**、**地上權人**、永佃權人、農育權人及**耕地三七五租約承租人**。
商業區發展用地總面積 【都市計畫定期通盤檢討實施辦法 #31】	商業區之檢討，應依據都市階層、計畫性質及地方特性區分成不同發展性質及使用強度之商業區，其面積標準應符合下列規定： 一、商業區總面積應依下列計畫人口規模檢討之： （一）三萬人口以下者，商業區面積以每千人不得超出零點四五公頃為準。 （二）逾三萬至十萬人口者，超出三萬人口部分，商業區面積以每千人不得超出零點五零公頃為準。 （三）逾十萬至二十萬人口者，超出十萬人口部分，商業區面積以每千人不得超出零點五五公頃為準。 （四）逾二十萬至五十萬人口者，超出二十萬人口部分，商業區面積以每千人不得超出零點六零公頃為準。 （五）逾五十萬至一百五十萬人口者，超出五十萬人口部分，商業區面積以每千人不得超出零點六五公頃為準。 （六）逾一百五十萬人口者，超出一百五十萬人口部分，商業區面積以每千人不得超出零點七零公頃為準。 二、商業區總面積占都市發展用地總面積之比例，依下列規定： （一）區域中心除直轄市不得超過百分之十五外，其餘地區不得超過**百分之十二**。 （二）**次區域中心、地方中心、都會區衛星市鎮及一般市鎮不得超過百分之十**。 （三）都會區衛星集居地及農村集居中心，**不得超過百分之八**。

關鍵字與法條	條文內容
	前項第二款之都市發展用地，指都市計畫總面積扣除農業區、保護區、風景區、遊樂區及行水區等非都市發展用地之面積。 原計畫商業區實際上已較適宜作其他使用分區，且變更用途後對於鄰近土地使用分區無妨礙者，得將該土地變更為其他使用分區。

題庫練習：

（A）1. 下列何者不是都市更新權利變換實施辦法所稱權利變換關係人？
【非常困難】
(A) 土地所有權人　　　　　　　(B) 合法建築物所有權人
(C) 地上權人　　　　　　　　　(D) 耕地三七五租約承租人

（B）2. 依都市計畫定期通盤檢討實施辦法規定，土地使用分區之檢討基準，商業區之總面積占一般市鎮都市發展用地總面積最多不得超過多少％？
【適中】
(A) 8　　　　　(B) 10　　　　　(C) 12　　　　　(D) 15

十三、都市更新條例第 32 條

關鍵字與法條	條文內容
應辦理之行政程序 【都市更新條例#32】	都市更新事業計畫由實施者擬訂，送由當地直轄市、縣（市）主管機關審議通過後核定發布實施；其屬中央主管機關依第七條第二項或第八條規定劃定或變更之更新地區辦理之都市更新事業，得逕送中央主管機關審議通過後核定發布實施。並即公告三十日及通知更新單元範圍內土地、合法建築物所有權人、他項權利人、囑託限制登記機關及預告登記請求權人；變更時，亦同。 擬訂或變更都市更新事業計畫期間，**應舉辦公聽會，聽取民眾意見。** 都市更新事業計畫**擬訂或變更後**，送各級主管機關審議前，應於**各該直轄市、縣（市）政府或鄉（鎮、市）公所公開展覽三十日**，並舉辦公聽會；實施者已取得更新單元內全體私有土地及私有合法建築物所有權人同意者，**公開展覽期間得縮短為十五日。** 前二項公開展覽、公聽會之日期及地點，應登報周知，並通知更新單元範圍內土地、合法建築物所有權人、他項權利人、囑託限制登記機關及預告登記請求權人；任何人民或團體得於公開展覽期間內，以書面載明姓名或名稱及地址，向各級主管機關提出意見，**由各級主管機關予以參考審議。**

關鍵字與法條	條文內容
	經各級主管機關審議修正者，免再公開展覽。 依第七條規定劃定或變更之都市更新地區或**採整建、維護方式**辦理之更新單元，實施者已取得更新單元內全體私有土地及私有合法建築物所有權人之同意者，於擬訂或變更都市更新事業計畫時，**得免舉辦公開展覽及公聽會，不受前三項規定之限制。** 都市更新事業計畫擬訂或變更後，與事業概要內容不同者，免再辦理事業概要之變更。

題庫練習：

（B）1. 位於依都市更新條例第 6 條規定劃定之更新地區且採重建方式辦理之更新單元，實施者於擬訂都市更新事業計畫及權利變換計畫經主管機關核定前，其應辦理之行政程序項目，下列何者正確？　【適中】
(A) 公聽會、公開展覽、審議、審議核復
(B) 公聽會、公開展覽、審議、聽證
(C) 公聽會、審議、審議核復、聽證
(D) 公開展覽、審議、審議核復、聽證

（B）2. 都市更新計畫之擬定或變更，經審議通過者依規定交當地直轄市、縣（市）主管機關最多應於幾日內公告實施之？　【簡單】
(A) 15　　　　(B) 30　　　　(C) 60　　　　(D) 90

（B）3. 都市更新事業計畫，下列敘述何者錯誤？　【困難】
(A) 經核定發布實施應即公告 30 日及通知更新範圍之相關人等
(B) 擬定或變更前，主管機關審議後，應公開展覽 30 日
(C) 實施者已取得更新單元內，全體私有土地及私有合法建築物所有權人同意者，至少公開展覽 15 日
(D) 採整建，維護方式辦理之更新單元，已取得全體私有土地及私有合法建築物所有權人同意者，得免舉辦公聽會

（C）4. 都市更新實施者已取得更新單元內全體私有土地及私有合法建築物所有權人同意者，公開展覽期間得縮短為：　【簡單】
(A) 30 日　　　(B) 20 日　　　(C) 15 日　　　(D) 10 日

（D）5. 都市更新計畫經審議通過核定實施後，應公告時間為：　【非常簡單】
(A) 10 日　　　(B) 15 日　　　(C) 20 日　　　(D) 30 日

（D）6. 下列何種更新地區之劃定程序，得逕由各級主管機關劃定公告實施之，免送各級都市計畫委員會審議？　【非常簡單】
(A) 建築物窳陋且非防火構造或鄰棟間隔不足，有妨害公共安全之虞

(B) 涉及都市計畫之擬定或變更

(C) 為配合中央或地方之重大建設

(D) 全區採整建或維護方式處理

(C) 7. 下列哪一種情形得免辦理都市更新事業計畫之公開展覽？　　【適中】

　　(A) 採重建方式辦理，且實施者已取得更新單元內全體私有土地及私有合法建築物所有權人同意者【條例 #32】

　　(B) 因具有歷史、文化價值，經主管機關優先劃定為更新地區者【條例 #6】

　　(C) 因景觀計畫之變更而辦理都市更新事業計畫之變更，經主管機關認定不影響原核定之都市更新事業計畫者

　　(D) 由主管機關自行實施都市更新事業者

(A) 8. 都市更新事業計畫由實施者擬訂，送由當地直轄市、縣（市）主管機關審議通過後核定發布實施，並即公告。其公告時間為：【條例 #32】

【適中】

(A) 30 日　　　　(B) 20 日　　　　(C) 15 日　　　　(D) 10 日

十四、都市更新條例第 4 條

關鍵字與法條	條文內容
「重建」、 「整建」、 「維護」 【都市更新條例#4】	都市更新處理方式，分為下列三種： 一、重建：指拆除更新單元內原有建築物，重新建築，住戶安置，改進公共設施，並得變更土地使用性質或使用密度。 二、**整建：指改建、修建更新單元內建築物或充實其設備，並改進公共設施。** 三、維護：指加強更新單元內土地使用及建築管理，改進公共設施，以保持其良好狀況。 都市更新事業得以前項二種以上處理方式辦理之。

題庫練習：

(D) 1.	建築法中所定義之「改建」、「修建」，以及都市更新條例處理都市更新時所稱之「重建」、「整建」。下列敘述何者正確？　　【適中】 (A) 建築物之基礎、樑柱、樓地板、屋架等，其中任何一種有過半之修理或變更即稱為重建 (B) 將建築物之一部分拆除，於原基地範圍內改造，而不增高或擴大面積者稱為修建

(C) 建築物之改建應請領建造執照，修建應請領雜項執照

(D) 整建係指改建、修建更新地區內建築物或充實其設備，並改進區內公共設施

（C）2. 有關都市更新之處理方式，下列何者正確？　　　　　　　【非常簡單】

(A) 重建、增建、整建　　　　　　(B) 重建、增建、維護

(C) 重建、整建、維護　　　　　　(D) 增建、整建、維護

（B）3. 依都市更新條例第 4 條之規定，下列何者不是都市更新的處理方式？

【非常簡單】

(A) 維護　　　　(B) 拆遷　　　　(C) 整建　　　　(D) 重建

十五、都市更新條例第 57 條

關鍵字與法條	條文內容
都市更新條例規定 【都市更新條例 #57】	權利變換範圍內應行拆除或遷移之土地改良物，由實施者依主管機關公告之權利變換計畫通知其所有權人、管理人或使用人，**限期三十日內自行拆除或遷移**；屆期不拆除或遷移者，依下列順序辦理： 一、由實施者予以代為之。 二、由實施者請求當地直轄市、縣（市）主管機關代為之。 實施者依前項第一款規定代為拆除或遷移前，應就拆除或遷移之期日、方式、安置或其他拆遷相關事項，本於真誠磋商精神予以協調，並訂定期限辦理拆除或遷移；協調不成者，由實施者依前項第二款規定請求直轄市、縣（市）主管機關代為之；直轄市、縣（市）主管機關受理前項第二款之請求後應再行協調，再行協調不成者，直轄市、縣（市）主管機關應訂定期限辦理拆除或遷移。但由直轄市、縣（市）主管機關自行實施者，得於協調不成時逕為訂定期限辦理拆除或遷移，不適用再行協調之規定。 第一項應拆除或遷移之土地改良物為政府代管、扣押、法院強制執行或行政執行者，實施者應於拆除或遷移前，通知代管機關、扣押機關、執行法院或行政執行機關為必要之處理。 第一項因權利變換而拆除或遷移之土地改良物，應補償其價值或建築物之殘餘價值，其補償金額由實施者委託專業估價者查估後評定之，實施者應於權利變換計畫核定發布後定期通知應受補償人領取；逾期不領取者，依法提存。應受補償人對補償金額有異議時，準用第五十三條規定辦理。 第一項因權利變換而拆除或遷移之土地改良物，除由所有權人、管理人或使用人自行拆除或遷移者外，其代為拆除或遷移費用在應領補償金額內扣回。

關鍵字 與法條	條文內容
	實施者依第一項第二款規定所提出之申請,及直轄市、縣（市）主管機關依第二項規定辦理協調及拆除或遷移土地改良物,其申請條件、應備文件、協調、評估方式、拆除或遷移土地改良物作業事項及其他應遵行事項之自治法規,由直轄市、縣（市）主管機關定之。

題庫練習：

（B）1. 權利變換範圍內應行拆除遷移之土地改良物,由實施者公告之,並通知其所有權人、管理人或使用人,限期多少日內自行拆除或遷移？　　　　　　　　　　　　　　　　　　　　　　　　　　　【簡單】

(A) 10　　　　　(B) 30　　　　　(C) 60　　　　　(D) 120

（B）2. 權利變換範圍內應行拆除遷移之土地改良物,由實施者公告之,並通知其所有權人、管理人或使用人,於多少期限內需自行拆除或遷移？　　　　　　　　　　　　　　　　　　　　　　　　　　　【簡單】

(A) 20 日　　　　(B) 30 日　　　　(C) 60 日　　　　(D) 90 日

（C）3. 政府劃定為實施更新地區,且涉及權利變換方式時,申請辦理都市更新的重要步驟與先後順序為何？①權利變換階段②更新事業概要階段③實施者階段④更新事業計畫階段⑤公開展覽⑥更新審議委員會議　　　　　　　　　　　　　　　　　　　　　　　　　　　【困難】

(A) ②③④①⑤⑥　　　　　　　　(B) ②③④①⑥⑤

(C) ③②④①⑤⑥　　　　　　　　(D) ③②④①⑥⑤

正確解答：

申請辦理都市更新的重要步驟：

實施者階段→更新事業概要階段→更新事業計畫階段→權利變換階段→公開展覽→更新審議委員會議。

十六、都市更新條例第 6、7 條

關鍵字與法條	條文內容
優先劃定更新地區 【都市更新條例 #6】	有下列各款情形之一者,直轄市、縣（市）主管機關得優先劃定或變更為更新地區並訂定或變更都市更新計畫： 一、建築物窳陋且非防火構造或鄰棟間隔不足,有妨害公共安全之虞。

關鍵字與法條	條文內容
	二、建築物因年代久遠有傾頹或朽壞之虞、建築物排列不良或道路彎曲狹小，足以妨害公共交通或公共安全。 三、**建築物未符合都市應有之機能。** 四、**建築物未能與重大建設配合。** 五、**具有歷史、文化、藝術、紀念價值，亟須辦理保存維護，或其周邊建築物未能與之配合者。** 六、居住環境惡劣，足以妨害公共衛生或社會治安。 七、經偵檢確定遭受放射性污染之建築物。 八、特種工業設施有妨害公共安全之虞。
迅行劃定更新地區 【都市更新條例 #7】	有下列各款情形之一時，直轄市、縣（市）主管機關應視實際情況，迅行劃定更新地區，並視實際需要訂定或變更都市更新計畫： 一、**因戰爭、地震、火災、水災、風災或其他重大事變遭受損壞。** 二、**為避免重大災害之發生。** 三、**為配合中央或地方之重大建設。** 前項更新地區之劃定或都市更新計畫之擬定、變更，上級主管機關得指定該管直轄市、縣（市）主管機關限期為之，必要時並得逕為辦理。

題庫練習：

（C）1. 下列何者不屬都市更新之優先劃定地區？　　　　　　　　【適中】
　　　(A) 建築物窳陋且非防火構造或鄰棟間隔不足，有妨害公共安全之虞
　　　(B) 建築物未符合都市應有之機能
　　　(C) 具有經濟價值，亟需辦理保存整建
　　　(D) 建築物未能與重大建設配合

（B）2. 直轄市、縣（市）主管機關應視實際情況，迅行劃定更新地區；並視實際需要訂定或變更都市更新計畫；下列何者不屬於上述情況？【適中】
　　　(A) 因戰爭、地震、火災、水災、風災或其他重大事變遭受損壞
　　　(B) 建築物窳陋且非防火構造或鄰棟間隔不足，有妨害公共安全之虞
　　　(C) 為避免重大災害之發生
　　　(D) 為配合中央或地方之重大建設

（C）3. 下列哪一種情形得免辦理都市更新事業計畫之公開展覽？　　【適中】
　　　(A) 採重建方式辦理，且實施者已取得更新單元內全體私有土地及私有合法建築物所有權人同意者【條例 #32】
　　　(B) 因具有歷史、文化價值，經主管機關優先劃定為更新地區者【條例 #6】

(C) 因景觀計畫之變更而辦理都市更新事業計畫之變更，經主管機關認定不影響原核定之都市更新事業計畫者

(D) 由主管機關自行實施都市更新事業者

十七、都市更新條例第 22 條

關鍵字與法條	條文內容
同意比率 【都市更新條例#22】	經劃定或變更應實施更新之地區，其土地及合法建築物所有權人得就主管機關劃定之更新單元，或**依所定更新單元劃定基準自行劃定更新單元，舉辦公聽會，擬具事業概要，連同公聽會紀錄，**申請當地直轄市、縣（市）主管機關依第二十九條規定審議核准，自行組織都市更新會實施該地區之都市更新事業，或委託都市更新事業機構為實施者實施之；變更時，亦同。 前項之申請，應經該更新單元範圍內私有土地及私有合法建築物所有權人均超過二分之一，並其所有土地總面積及合法建築物總樓地板面積均超過二分之一之同意；其同意比率已達第三十七條規定者，得免擬具事業概要，並依第二十七條及第三十二條規定，逕行擬訂都市更新事業計畫辦理。 任何人民或團體得於第一項審議前，以書面載明姓名或名稱及地址，向直轄市、縣（市）主管機關提出意見，由直轄市、縣（市）主管機關參考審議。 依第一項規定核准之事業概要，直轄市、縣（市）主管機關應即公告三十日，並通知更新單元內土地、合法建築物所有權人、他項權利人、囑託限制登記機關及預告登記請求權人。

題庫練習：

(A) 1. 依都市更新條例規定，經劃定應實施更新之地區，其範圍內私有土地及私有合法建築物所有權人超過 X，並其所有土地總面積及合法建築物總樓地板面積超過 Y 之同意，始得申請自行劃定更新單元？試問 X 及 Y 各為何？ 【適中】

    (A) X = 1/2；Y = 1/2   (B) X = 2/3；Y = 1/3

    (C) X = 1/2；Y = 1/3   (D) X = 1/3；Y = 2/3

(D) 2. 經劃定實施更新之地區，其土地及合法建築物所有權人得依規定自行劃定更新單元。下列何者非屬此種案件申請當地直轄市、縣（市）主管機關劃定時須辦理之事項？ 【簡單】

    (A) 舉辦公聽會   (B) 擬具事業概要

    (C) 製作公聽會紀錄   (D) 製作細部計畫及建築圖說

十八、都市更新條例第 37 條

關鍵字與法條	條文內容
所有權面積均超過多少比例同意者【都市更新條例 #37】	實施者擬訂或變更都市更新事業計畫報核時，應經一定比率之私有土地與私有合法建築物所有權人數及所有權面積之同意；其同意比率依下列規定計算。但私有土地及私有合法建築物所有權面積均超過 十分之九 同意者，其所有權人數不予計算： 一、依第十二條規定經公開評選委託都市更新事業機構辦理者：應經更新單元內私有土地及私有合法建築物所有權人均超過二分之一，且其所有土地總面積及合法建築物總樓地板面積均超過二分之一之同意。但公有土地面積超過更新單元面積二分之一者，免取得私有土地及私有合法建築物之同意。實施者應保障私有土地及私有合法建築物所有權人權利變換後之權利價值，不得低於都市更新相關法規之規定。 二、依第二十二條規定辦理者： （一）依第七條規定劃定或變更之更新地區，應經更新單元內私有土地及私有合法建築物所有權人均超過二分之一，且其所有土地總面積及合法建築物總樓地板面積均超過二分之一之同意。 （二）其餘更新地區，應經更新單元內私有土地及私有合法建築物所有權人均超過四分之三，且其所有土地總面積及合法建築物總樓地板面積均超過四分之三之同意。 三、依第二十三條規定辦理者：**應經更新單元內私有土地及私有合法建築物所有權人均超過 五分之四，且其所有土地總面積及合法建築物總樓地板面積均超過 五分之四，之同意。** 前項人數與土地及建築物所有權比率之計算，準用第二十四條之規定。 都市更新事業以二種以上方式處理時，第一項人數與面積比率，應分別計算之。第二十二條第二項同意比率之計算，亦同。 各級主管機關對第一項同意比率之審核，除有民法第八十八條、第八十九條、第九十二條規定情事或雙方合意撤銷者外，以都市更新事業計畫公開展覽期滿時為準。所有權人對於公開展覽之計畫所載更新後分配之權利價值比率或分配比率低於出具同意書時，得於公開展覽期滿前，撤銷其同意。

題庫練習：

（A）1. 依都市更新條例規定，實施者擬訂或變更都市更新事業計畫報核時，應經一定比率之私有土地與私有合法建築物所有權人數及所有權面積

之同意。但私有土地及私有合法建築物所有權面積均超過多少比例同意者，其所有權人數不予計算？　　　　　　　　　　　　　【適中】

(A) 9/10　　　　　(B) 4/5　　　　　(C) 3/4　　　　　(D) 2/3

（C）2.　私有土地及私有合法建築物所有權人依都市更新條例自行劃定更新單元，申請實施該地區之都市更新事業時，應經更新單元範圍內私有土地及私有合法建築物所有權人（X），並其所有土地總面積及合法建築物總樓地板面積（Y）均超過一定比例之同意方能報核，下列數據何者正確？　　　　　　　　　　　　　　　　　　　　　　　【困難】

(A) X：1/2，Y：2/3　　　　　　　(B) X：1/2，Y：3/5
(C) X：4/5，Y：4/5　　　　　　　(D) X：2/3，Y：3/5

十九、都市更新條例第 54 條

關鍵字與法條	條文內容
禁止期限，最長不得超過二年 【都市更新條例 #54】 【辦法 #5】	實施權利變換地區，直轄市、縣（市）主管機關得於權利變換計畫書核定後，公告禁止下列事項。但不影響權利變換之實施者，不在此限： 一、土地及建築物之移轉、分割或設定負擔。 二、建築物之改建、增建或新建及採取土石或變更地形。 前項禁止期限，最長不得超過二年。 違反第一項規定者，當地直轄市、縣（市）主管機關得限期命令其拆除、改建、停止使用或恢復原狀。

題庫練習：

（A）1.	主管機關得於都市更新權利變換計畫書核定後，公告禁止土地及建築物之移轉、分割或設定負擔及建築物之改建、增建或新建及採取土石或變更地形。其禁止期限最長不得超過：　　　　　　　　　　【簡單】 (A) 2 年　　　(B) 1 年 6 個月　　　(C) 1 年　　　(D) 6 個月
（D）2.	按都市更新條例，實施權利變換地區，主管機關得於權利變換計畫核定後實施禁建，下列何者不在公告禁止之事項內？　　　　【簡單】 (A) 建築物之移轉　　　　　　(B) 建築物之增建 (C) 地形之變更　　　　　　　(D) 建築物之租賃

二十、都市更新條例第 67 條

關鍵字與法條	條文內容
更新單元內土地及建築物之稅捐減免【都市更新條例 #67】	更新單元內之土地及建築物，依下列規定**減免稅捐**： 一、**更新期間土地無法使用者，免徵地價稅**；其仍**可繼續使用者，減半徵收**。但未依計畫進度完成更新且可歸責於土地所有權人之情形者，依法課徵之。 二、**更新後地價稅及房屋稅減半徵收二年。** 三、重建區段範圍內更新前合法建築物所有權人取得更新後建築物，於前款房屋稅減半徵收二年期間內未移轉，且經直轄市、縣（市）主管機關視地區發展趨勢及財政狀況同意者，得延長其房屋稅減半徵收期間至喪失所有權止，但以十年為限。本條例中華民國一百零七年十二月二十八日修正之條文施行前，前款房屋稅減半徵收二年期間已屆滿者，不適用之。 四、**依權利變換取得之土地及建築物，於更新後第一次移轉時，減徵土地增值稅及契稅百分之四十。** 五、**不願參加權利變換而領取現金補償者，減徵土地增值稅百分之四十。** 六、實施權利變換應分配之土地未達最小分配面積單元，而改領現金者，免徵土地增值稅。 七、**實施權利變換，以土地及建築物抵付權利變換負擔者，免徵土地增值稅及契稅。** 八、原所有權人與實施者間因協議合建辦理產權移轉時，經直轄市、縣（市）主管機關視地區發展趨勢及財政狀況同意者，得減徵土地增值稅及契稅百分之四十。 前項第三款及第八款實施年限，自本條例中華民國一百零七年十二月二十八日修正之條文施行之日起算五年；其年限屆期前半年，行政院得視情況延長之，並以一次為限。 都市更新事業計畫於前項實施期限屆滿之日前已報核或已核定尚未完成更新，於都市更新事業計畫核定之日起二年內或於權利變換計畫核定之日起一年內申請建造執照，且依建築期限完工者，其更新單元內之土地及建築物，準用第一項第三款及第八款規定。

題庫練習：

（A）1. 依都市更新條例規定，對於更新單元內土地及建築物之稅捐減免，下列敘述何者正確？　　　　　　　　　　　　　　　　【適中】

　　(A) 實施權利變換，以土地及建築物抵付權利變換負擔者，免徵土地增值稅及契稅

(B) 依權利變換取得之土地及建築物,於更新後第一次移轉時,減徵土地增值稅及契稅 50%

(C) 不願參加權利變換而領取現金補償者,減徵土地增值稅 60%

(D) 實施權利變換應分配之土地未達最小分配面積單元,而改領現金者,減徵土地增值稅 40%

(C) 2. 依都市更新條例,更新地區內之土地及建築物,依規定得減免稅捐,下列何者非其規定? 【簡單】

(A) 更新期間,土地無法使用者,免徵地價稅

(B) 更新期間,土地繼續使用者,地價稅減半徵收

(C) 更新後,房屋稅免徵 2 年

(D) 更新後,地價稅減半徵收 2 年

(A) 3. 都市更新地區內土地增值稅得予減免,下列何者依規定係減徵 40%? 【簡單】

(A) 依權利變換取得之土地,於更新後第一次移轉時

(B) 實施權利變換應分配之土地未達最小分配面積單元,而改領現金者

(C) 實施權利變換,以土地及建築物抵付權利變換負擔者

(D) 以更新地區內之土地為信託財產,因信託關係而於委託人與受託人間移轉所有權者

二十一、都市更新條例第 4、5、11、17 條

關鍵字與法條	條文內容
不得另依其他法令規定申請 【都市更新條例 #4】	都市更新事業計畫範圍內之建築基地,**另依其他法令規定申請建築容積獎勵時,應先向各該主管機關提出申請。但獎勵重複者,應予扣除。**
原建築容積建築 【都市更新條例 #5】	**實施容積管制前已興建完成之合法建築物,其原建築容積高於基準容積者,得依原建築容積建築,**或依原建築基地基準容積**百分之十**給予獎勵容積。
銅級:基準容積百分之四 【都市更新條例 #11】	取得候選智慧建築證書,依下列等級給予獎勵容積: 一、鑽石級:**基準容積百分之十。** 二、黃金級:基準容積百分之八。 三、銀級:基準容積百分之六。 四、**銅級:基準容積百分之四。** 五、合格級:基準容積百分之二。 前項各款獎勵容積不得累計申請。 申請第一項第四款或第五款獎勵容積,以依本條例第七條第一項第三款規定實施之都市更新事業,且面積未達五百平方公尺者為限。

關鍵字與法條	條文內容
舊違章建築戶之認定 【都市更新條例#17】	處理占有他人土地之舊違章建築戶，依都市更新事業計畫報核前之實測面積給予獎勵容積，且每戶不得超過最近一次行政院主計總處人口及住宅普查報告各該直轄市、縣（市）平均每戶住宅樓地板面積，其獎勵額度以基準容積百分之二十為上限。 前項**舊違章建築戶**，由直轄市、縣（市）主管機關認定之。

題庫練習：

（B）1. 有關都市更新建築基地之建築容積獎勵規定，下列何者正確？

【適中】

(A) 不得另依其他法令規定申請建築容積獎勵

(B) 實施容積管制前已興建完成之合法建築物，其原建築容積高於法定容積者，得依原建築容積建築

(C) 取得綠建築候選證書及通過綠建築分級評估銅級者，不予容積獎勵

(D) 其原建築容積高於法定容積者，獎勵額度以法定容積 15% 為上限

（B）2. 依都市更新建築容積獎勵辦法規定，為處理占有他人土地之舊違章建築戶，得給予容積獎勵。其舊違章建築戶之認定，由下列那個機關或組織定之？

【適中】

(A) 內政部

(B) 直轄市、縣（市）政府

(C) 直轄市、縣（市）都市更新審議會

(D) 實施者

二十二、都市更新條例第 1、24 條

關鍵字與法條	條文內容
宗旨 【都市更新條例#1】	為**促進都市土地有計畫之再開發利用**，復甦都市機能，**改善居住環境**與景觀，增進公共利益，特制定本條例。
都市更新事業之人數與土地及建築物所有權比例之計算 【都市更新條例#24】	申請實施都市更新事業之人數與土地及建築物所有權比率之計算，**不包括下列各款**： 一、依文化資產保存法所稱之文化資產。 二、**經協議保留，並經直轄市、縣（市）主管機關核准且登記有案之宗祠、寺廟、教堂**。 三、經政府代管或依土地法第七十三條之一規定由地政機關列冊管理者。 四、經法院囑託查封、假扣押、假處分或破產登記者。

關鍵字與法條	條文內容
	五、未完成申報並核發派下全員證明書之祭祀公業土地或建築物。 六、未完成申報並驗印現會員或信徒名冊、系統表及土地清冊之神明會土地或建築物。

題庫練習：

（B）1.	有關都市更新條例之宗旨，下列敘述何者錯誤？　　　　【簡單】 (A) 促進都市土地有計畫之再開發利用 (B) 促進經濟發展 (C) 改善居住環境 (D) 增進公共利益
（D）2.	申請實施都市更新事業之人數與土地及建築物所有權比例之計算，包括下列何者？　　　　【簡單】 (A) 依法應予保存之古蹟及聚落 (B) 經法院囑託查封、假扣押、假處分或破產登記者 (C) 經協議保留，並經直轄市、縣（市）主管機關核准且登記有案之宗祠、寺廟、教堂 (D) 經直轄市、縣（市）主管機關認定之合法房屋

二十三、都市更新條例第 25、36 條

關鍵字與法條	條文內容
信託方式實施 【都市更新條例#25】	**都市更新事業得以信託方式實施之**。其依第二十二條第二項或第三十七條第一項規定計算所有權人人數比率，以委託人人數計算。
內容應包括財務計畫、實施進度及效益評估 【都市更新條例#36】	都市更新事業計畫應視其實際情形，表明下列事項： 一、計畫地區範圍。二、實施者。三、現況分析。四、計畫目標。五、與都市計畫之關係。六、處理方式及其區段劃分。七、區內公共設施興修或改善計畫，含配置之設計圖說。八、整建或維護區段內建築物改建、修建、維護或充實設備之標準及設計圖說。九、重建區段之土地使用計畫，含建築物配置及設計圖說。十、都市設計或景觀計畫。十一、文化資產、都市計畫表明應予保存或有保存價值建築之保存或維護計畫。十二、實施方式及有關費用分擔。十三、拆遷安置計畫。十四、**財務計畫**。十五、**實施進度**。十六、**效益評估**。十七、申請獎勵項目及額度。

關鍵字與法條	條文內容
	十八、權利變換之分配及選配原則。其原所有權人分配之比率可確定者，其分配比率。十九、公有財產之處理方式及更新後之分配使用原則。二十、實施風險控管方案。二十一、維護管理及保固事項。二十二、相關單位配合辦理事項。二十三、其他應加表明之事項。實施者為都市更新事業機構，其都市更新事業計畫報核當時之資本總額或實收資本額、負責人、營業項目及實績等，應於前項第二款敘明之。 都市更新事業計畫以重建方式處理者，第一項第二十款實施風險控管方案依下列方式之一辦理： 一、不動產開發信託。二、資金信託。三、續建機制。四、同業連帶擔保。五、商業團體辦理連帶保證協定。六、其他經主管機關同意或審議通過之方式。

題庫練習：

（D）	有關都市更新事業計畫之敘述，下列何者錯誤？　　　　　【適中】 (A) 屬於都市更新計畫的實施計畫 (B) 內容應包括財務計畫、實施進度及效益評估 (C) 都市更新事業得以信託方式實施 (D) 限定於政府劃定之都市更新範圍內實施

二十四、都市更新條例第 42、43 條

關鍵字與法條	條文內容
禁止期限，最長不得超過 【都市更新條例 #42】	更新地區劃定或變更後，直轄市、縣（市）主管機關得視實際需要，公告禁止更新地區範圍內建築物之改建、增建或新建及採取土石或變更地形。 但不影響都市更新事業之實施者，不在此限。 前項**禁止期限，最長不得超過二年。** 違反第一項規定者，當地直轄市、縣（市）主管機關得限期命令其拆除、改建、停止使用或恢復原狀。
得以協議合建？ 【都市更新條例 #43】	都市更新事業計畫範圍內重建區段之土地，以權利變換方式實施之。但由主管機關或其他機關辦理者，得以徵收、區段徵收或市地重劃方式實施之；其他法律另有規定或經**全體土地及合法建築物所有權人同意者，得以協議合建或其他方式實施之。** 以區段徵收方式實施都市更新事業時，抵價地總面積占徵收總面積之比率，由主管機關考量實際情形定之。

關鍵字與法條	條文內容
得以協議合建？ 【都市更新條例 #43】	以協議合建方式實施都市更新事業，未能依前條第一項取得全體土地及合法建築物所有權人同意者，得經更新單元範圍內私有土地總面積及私有合法建築物總樓地板面積均超過五分之四之同意，就達成合建協議部分，以協議合建方式實施之。對於不願參與協議合建之土地及合法建築物，以權利變換方式實施之。 前項參與權利變換者，實施者應保障其權利變換後之權利價值不得低於都市更新相關法規之規定。

題庫練習：

（A）1. 更新地區劃定後，直轄市、縣（市）主管機關得視實際需要，公告禁止更新地區範圍內建築物之改建、增建或新建及採取土石或變更地形。其禁止期限，最長不得超過：　　　　　　　　　　【適中】
   (A) 2 年　　　　　　　　　　(B) 1 年 6 個月
   (C) 1 年　　　　　　　　　　(D) 半年
（A）2. 都市更新事業計畫範圍內重建區段之土地，經多少比例土地及全體土地及合法建築物所有權人同意者，得以協議合建？　　　【適中】
   (A) 100%　　　(B) 90%　　　(C) 85%　　　(D) 75%

二十五、都市更新條例第 46 條

關鍵字與法條	條文內容
更新地區內之土地及建築物之減免稅捐 【都市更新條例 #46】	更新地區內之土地及建築物，依下列規定減免稅捐： 一、更新期間土地無法使用者，免徵地價稅；其仍可繼續使用者，減半徵收。但未依計畫進度完成更新且可歸責於土地所有權人之情形者，依法課徵之。 二、更新後地價稅及房屋稅減半徵收二年。 三、依權利變換取得之土地及建築物，於更新後第一次移轉時，減徵土地增值稅及契稅百分之四十。 四、不願參加權利變換而領取現金補償者，減徵土地增值稅百分之四十。 五、實施權利變換應分配之土地未達最小分配面積單元，而改領現金者，免徵土地增值稅。 六、實施權利變換，以土地及建築物抵付權利變換負擔者，免徵土地增值稅及契稅。

題庫練習：

（B）	按都市更新條例，有關更新地區內之土地及建築物之減免稅捐之敘述，下列何者錯誤？　　　　　　　　　　　　　　　　　【適中】
	(A) 更新期間土地無法使用者免徵地價稅
	(B) 更新後免徵收地價稅及房屋稅 2 年
	(C) 依權利變換取得之土地及建築物，於更新後第一次移轉時，減徵土地增值稅及契稅 40%
	(D) 不願參加權利變換而領取現金補償者，減徵土地增值稅 40%

二十六、都市更新條例第 48、49、53、55 條

關鍵字與法條	條文內容
權利變換計畫之擬訂報核 【都市更新條例 #48】	以權利變換方式實施都市更新時，實施者應於都市更新事業計畫核定發布實施後，擬具權利變換計畫，依第三十二條及第三十三條規定程序辦理；變更時，亦同。但必要時，**權利變換計畫之擬訂報核，得與都市更新事業計畫一併辦理。** 實施者為擬訂或變更權利變換計畫，須進入權利變換範圍內公、私有土地或建築物實施調查或測量時，準用第四十一條規定辦理。 權利變換計畫應表明之事項及權利變換實施辦法，由中央主管機關定之。
得採簡化作業程序 【都市更新條例 #49】	權利變換計畫之變更，得採下列簡化作業程序辦理： 一、**有下列情形之一而辦理變更者，免依第三十二條及第三十三條規定辦理公聽會、公開展覽、聽證及審議：** （一）計畫內容有誤寫、誤算或其他類此之顯然錯誤之更正。 （二）參與分配人或實施者，其分配單元或停車位變動，經變動雙方同意。 （三）依第二十五條規定辦理時之信託登記。 （四）權利變換期間辦理土地及建築物之移轉、分割、設定負擔及抵押權、典權、限制登記之塗銷。 （五）**依地政機關地籍測量或建築物測量結果釐正圖冊。** （六）第三十六條第一項第二款所定實施者之變更，經原實施者與新實施者辦理公證。 二、有下列情形之一而辦理變更者，免依第三十二條及第三十三條規定辦理公聽會、公開展覽及聽證： （一）原參與分配人表明不願繼續參與分配，或原不願意參與分配者表明參與分配，經各級主管機關認定不影響其他權利人之權益。

關鍵字與法條	條文內容
	（二）第三十六條第一項第七款至第十款所定事項之變更，經各級主管機關認定不影響原核定之權利變換計畫。 （三）有第一款各目情形所定事項之變更而涉及其他計畫內容變動，經各級主管機關認定不影響原核定之權利變換計畫。
提出權利價值異議 【都市更新條例#53】	權利變換計畫書核定發布實施後二個月內，**土地所有權人對其權利價值有異議時**，應以書面敘明理由，向各級主管機關提出，各級主管機關應於受理異議後三個月內審議核復。但因情形特殊，經各級主管機關認有委託專業團體或機構協助作技術性諮商之必要者，得延長審議核復期限三個月。 當事人對審議核復結果不服者，得依法提請行政救濟。前項**異議處理或行政救濟期間，實施者非經主管機關核准，不得停止都市更新事業之進行。** 第一項異議處理或行政救濟結果與原評定價值有差額部分，由當事人以現金相互找補。 第一項審議核復期限，應扣除各級主管機關委託專業團體或機構協助作技術性諮商及實施者委託專業團體或機構重新查估權利價值之時間。
申請建築執照 【都市更新條例#55】	**依權利變換計畫申請建築執照，得以實施者名義為之**，並免檢附土地、建物及他項權利證明文件。 都市更新事業依第十二條規定由主管機關或經同意之其他機關（構）自行實施，並經公開徵求提供資金及協助實施都市更新事業者，且於都市更新事業計畫載明權責分工及協助實施內容，於依前項規定申請建築執照時，得以該資金提供者與實施者名義共同為之，並免檢附前項權利證明文件。權利變換範圍內土地改良物未拆除或遷移完竣前，不得辦理更新後土地及建築物銷售。

題庫練習：

(C)	有關權利變換計畫之敘述，下列何者錯誤？　　　　【適中】 (A) 得與都市更新事業計畫一併擬訂報核 (B) 因地政機關地籍測量結果釐正圖冊而辦理變更，得採簡化作業程序 (C) 如土地所有權人提出權利價值之異議，實施者於主管機關審議核復前，應先停止都市更新事業之進行 (D) 依權利變換計畫申請建築執照，得以實施者名義為之

二十七、都市更新條例第 50、53、55、56 條

關鍵字與法條	條文內容
實施者應委託幾家以上專業估價者查估？ **又查估後由何者評定之？** 【都市更新條例 #50】	權利變換前各宗土地、更新後土地、建築物及權利變換範圍內其他土地於評價基準日之權利價值，由**實施者委任三家以上專業估價者查估後評定之**。 前項估價者由實施者與土地所有權人共同指定；無法共同指定時，由實施者指定一家，其餘二家由實施者自各級主管機關建議名單中，以公開、隨機方式選任之。 各級主管機關審議權利變換計畫認有必要時，得就實施者所提估價報告書委任其他專業估價者或專業團體提複核意見，送各級主管機關參考審議。 第二項之名單，由各級主管機關會商相關職業團體建議之。
權利變換計畫書核定發布實施後二個月內 【都市更新條例 #53】	**權利變換計畫書核定發布實施後二個月內，土地所有權人對其權利價值有異議時，應以書面敘明理由**，向各級主管機關提出，各級主管機關應於受理異議後三個月內審議核復。但因情形特殊，經各級主管機關認有委託專業團體或機構協助作技術性諮商之必要者，得延長審議核復期限三個月。 當事人對審議核復結果不服者，得依法提請行政救濟。 前項異議處理或行政救濟期間，實施者非經主管機關核准，不得停止都市更新事業之進行。 第一項異議處理或行政救濟結果與原評定價值有差額部分，由當事人以現金相互找補。 第一項審議核復期限，應扣除各級主管機關委託專業團體或機構協助作技術性諮商及實施者委託專業團體或機構重新查估權利價值之時間。
都市更新條例規定 【都市更新條例 #55】	**依權利變換計畫申請建築執照，得以實施者名義為之，並免檢附土地、建物及他項權利證明文件。** 都市更新事業依第十二條規定由主管機關或經同意之其他機關（構）自行實施，並經公開徵求提供資金及協助實施都市更新事業者，且於都市更新事業計畫載明權責分工及協助實施內容，於依前項規定申請建築執照時，得以該資金提供者與實施者名義共同為之，並免檢附前項權利證明文件。 **權利變換範圍內土地改良物未拆除或遷移完竣前，不得辦理更新後土地及建築物銷售。**
都市更新條例規定 【都市更新條例 #56】	權利變換後，原土地所有權人應分配之土地及建築物，自分配結果確定之日起，**視為原有**。

題庫練習：

（A）1.	權利變換前各宗土地、更新後建築物及其土地應有部分及權利變換範圍內其他土地於評價基準日之權利價值，實施者應委託幾家以上專業估價者查估？又查估後由何者評定之？　　　　　　【適中】	

(A) 3 家；實施者評定　　　　　　　　(B) 3 家；主管機關評定
(C) 5 家；實施者評定　　　　　　　　(D) 5 家；主管機關評定

（B）2. 按都市更新條例，權利變換計畫核定發布實施後至多幾個月內，土地所有權人對其權利價值有異議時，應申請主管機關調解？　　【困難】

(A) 1　　　　　　(B) 2　　　　　　(C) 3　　　　　　(D) 6

（C）3. 依都市更新條例規定，下列敘述何者正確？　　　　　　　　　【適中】

(A) 依權利變換計畫申請建築執照，不得以實施者名義為之
(B) 依權利變換計畫申請建築執照，應檢附土地、建物及他項權利證明文件
(C) 權利變換範圍內土地改良物未拆除或遷移完竣前，不得辦理更新後土地及建築物銷售
(D) 權利變換後，原土地所有權人應分配之土地及建築物，自分配結果確定之日起，視為新取得

二十八、都市更新條例第 66、74、75、81 條

關鍵字與法條	條文內容
原為私有之土地登記 【都市更新條例 #66】	更新地區範圍內公共設施保留地、依法或都市計畫表明應予保存、直轄市、縣（市）主管機關認定有保存價值及依第二十九條規定審議保留之建築所坐落之土地或街區，或其他為促進更有效利用之土地，其建築容積得一部或全部轉移至其他建築基地建築使用，並準用依都市計畫法第八十三條之一第二項所定辦法有關可移出容積訂定方式、可移入容積地區範圍、接受基地可移入容積上限、換算公式、移轉方式及作業方法等規定辦理。 前項**建築容積經全部轉移至其他建築基地建築使用者，其原為私有之土地應登記為公有。**
更新單元獲准後，應自獲准之日起最長多少個月內，擬具都市更新事業計畫報核？ 【都市更新條例 #74】	實施者依第二十二條或第二十三條規定實施都市更新事業，應依核准之事業概要所表明之實施進度擬訂都市更新事業計畫報核；逾期未報核者，核准之事業概要失其效力，直轄市、縣（市）主管機關應通知更新單元內土地、合法建築物所有權人、他項權利人、囑託限制登記機關及預告登記請求權人。 因故未能於前項期限內擬訂都市更新事業計畫報核者，得敘明理由申請展期；**展期之期間每次不得超過六個月，並以二次為限。**

關鍵字與法條	條文內容
實施者無正當理由拒絕、妨礙或規避者，處以何種罰鍰？【都市更新條例 #75、81】	【都市更新條例 #75】 都市更新事業計畫核定後，直轄市、縣（市）主管機關得視實際需要隨時或定期檢查實施者對該事業計畫之執行情形。 【都市更新條例 #81】 實施者無正當理由拒絕、妨礙或規避第七十五條之檢查者，**處新臺幣六萬元以上三十萬元以下罰鍰**，並得按次處罰之。

題庫練習：

（C）1. 依都市更新條例規定，更新地區範圍內之公共設施保留地，當其全部建築容積已移轉至其他建築基地使用者，原為私有之土地應登記為：
  (A) 原有土地所有人　　　　　(B) 自組之更新團體實施者
  (C) 公有　　　　　　　　　　(D) 所有土地所有人共同所有

（D）2. 依都市更新條例規定，實施者依法自行劃定更新單元獲准後，應自獲准之日起最長多少個月內，擬具都市更新事業計畫報核？【非常困難】
  (A) 3　　　　　(B) 6　　　　　(C) 8　　　　　(D) 12

（C）3. 依都市更新條例之規定，都市更新計畫核定後主管機關得隨時或定時檢查實施者對該事業計畫之執行情形，實施者無正當理由拒絕、妨礙或規避者，處以何種罰鍰？【簡單】
  (A) 新臺幣五萬元以上，四十萬元以下
  (B) 新臺幣十萬元以上，三十萬元以下
  (C) 新臺幣六萬元以上，三十萬元以下
  (D) 新臺幣八萬元以上，四十萬元以下

二十九、都市更新條例施行細則第 6、9、16、19 條

關鍵字與法條	條文內容
【都市更新條例施行細則 #6】	依本條例第二十二條第一項、第三十二條第二項或第三項規定**舉辦公聽會時，應邀請有關機關、學者專家及當地居民代表及通知更新單元內土地、合法建築物所有權人、他項權利人、囑託限制登記機關及預告登記請求權人參加，並以傳單周知更新單元內門牌戶。** 前項公聽會之通知，其依本條例第二十二條第一項或第三十二條第二項辦理者，應檢附公聽會會議資料及相關資訊；其依本條例第三十二條第三項辦理者，應檢附計畫草案及相關資訊，並得以書面製作、光碟片或其他裝置設備儲存。

關鍵字與法條	條文內容
	第一項公聽會之日期及地點，應於十日前刊登當地政府公報或新聞紙三日，並張貼於當地村（里）辦公處之公告牌；其依本條例第三十二條第二項或第三項辦理者，並應於專屬或專門網頁周知。
【都市更新條例施行細則 #9】	公聽會程序之進行，應公開以言詞為之。
【都市更新條例施行細則 #16】	各級主管機關辦理審議事業概要、都市更新事業計畫、權利變換計畫及處理實施者與相關權利人有關爭議時，與案情有關之人民或團體代表 得 列席陳述意見。
【都市更新條例施行細則 #19】	依本條例第三十二條第三項辦理公開展覽時，各級主管機關應將公開展覽日期及地點，刊登當地政府公報或新聞紙三日，並張貼於當地村（里）辦公處之公告牌及各該主管機關設置之專門網頁周知。 依本條例第三十二條第四項所為公開展覽之通知，應檢附計畫草案及相關資訊，並得以書面製作、光碟片或其他裝置設備儲存。 **人民或團體於第一項公開展覽期間內提出書面意見者，以意見書送達或郵戳日期為準。**

題庫練習：

(D)	有關都市更新條例及其施行細則，下列敘述何者正確？　【簡單】 (A) 公聽會程序之進行，只能以文字形式為之 (B) 主管機關辦理審議權利變換計畫及處理有關爭議時，與案情有關之人民或團體代表不得列席陳述意見 (C) 都市更新之案件於審議時任何人民或團體僅得於審議後以書面向主管機關提出意見 (D) 舉辦公聽會時，應邀請相關人等參加，並以傳單周知更新單元內門牌戶

三十、都市更新建築容積獎勵辦法第 9、10 條

關鍵字與法條	條文內容
獎勵容積上限 【都市更新建築容積獎勵辦法（舊）#9】	主管機關依本條例第六條或第七條規定優先或迅行劃定之更新地區，自公告日起六年內，**實施者申請實施都市更新事業者，得給予容積獎勵，其獎勵額度以法定容積百分之十為上限。** 主管機關考量更新單元規模、產權複雜程度，認有延長前項一定時程之必要者，得延長三年，並以一次為限。

關鍵字與法條	條文內容
獎勵容積 【都市更新建築容積獎勵辦法 #10】	取得候選綠建築證書，依下列等級給予獎勵容積： 一、鑽石級：基準容積百分之十。 二、黃金級：基準容積百分之八。 三、**銀級：基準容積百分之六。** 四、銅級：基準容積百分之四。 五、合格級：基準容積百分之二。 前項各款獎勵容積不得累計申請。 申請第一項第四款或第五款獎勵容積，以依本條例第七條第一項第三款規定實施之都市更新事業，且面積未達五百平方公尺者為限。 第一項綠建築等級，於依都市計畫法第八十五條所定都市計畫法施行細則另有最低等級規定者，申請等級應高於該規定，始得依前三項規定給予獎勵容積。

題庫練習：

（B）1. 主管機關依規定優先劃定之更新地區，自公告日起六年內，實施者申請都市更新事業，得給予容積獎勵，其獎勵額度以法定容積百分之多少為上限？　　　　　　　　　　　　　　　　　　　【適中】

(A) 5　　　　　(B) 10　　　　　(C) 15　　　　　(D) 20

（B）2. 依都市更新建築容積獎勵辦法規定，取得候選綠建築證書者，依其等級給予獎勵容積，下列敘述何者正確？　　　　　　　　　【簡單】

(A) 黃金級：基準容積百分之九

(B) 銀級：基準容積百分之六

(C) 銅級：基準容積百分之三

(D) 合格級：基準容積百分之一

三十一、都市危險及老舊建築物加速重建條例第 3、4、5、6、8 條

關鍵字與法條	條文內容
都市計畫範圍內非經目的事業主管機關指定 【都市危險及老舊建築物加速重建條例 #3】	本條例適用範圍，為**都市計畫範圍內非經目的事業主管機關指定具有歷史、文化、藝術及紀念價值**，且符合下列各款之一之合法建築物： 一、經建築主管機關依建築法規、災害防救法規通知限期拆除、逕予強制拆除，或評估有危險之虞應限期補強或拆除者。 二、經結構安全性能評估結果未達最低等級者。 三、屋齡三十年以上，經結構安全性能評估結果之建築物耐震能力未達一定標準，且改善不具效益或未設置昇降設備者。

關鍵字與法條	條文內容
應檢附文件 【都市危險及老舊建築物加速重建條例 #4】	依本條例第五條第一項申請重建時，應檢附下列文件，向直轄市、縣（市）主管機關提出： 一、申請書。 二、符合本條例第三條第一項所定合法建築物之證明文件，或第三項所定尚未完成重建之危險建築物證明文件。 三、重建計畫範圍內全體土地及合法建築物所有權人名冊及同意書。 四、重建計畫。 五、其他經直轄市、縣（市）主管機關規定之文件。
誰擬具重建計畫？ 【都市危險及老舊建築物加速重建條例 #5】	依本條例規定申請重建時，新建建築物之**起造人應擬具重建計畫，取得重建計畫範圍內全體土地及合法建築物所有權人之同意，向直轄市、縣（市）主管機關申請核准後**，依建築法令規定申請建築執照。 前項重建計畫之申請，施行期限至中華民國一百十六年五月三十一日止。
獎勵措施 【都市危險及老舊建築物加速重建條例 #6、8】	**【都市危險及老舊建築物加速重建條例 #6】** 重建計畫範圍內之建築基地，得視其實際需要，給予適度之**建築容積獎勵**；獎勵後之建築容積，不得超過各該建築基地一點三倍之基準容積或各該建築基地一點一五倍之原建築容積，不受都市計畫法第八十五條所定施行細則規定基準容積及增加建築容積總和上限之限制。 **【都市危險及老舊建築物加速重建條例 #8】** 本條例施行後五年內申請之重建計畫，重建計畫範圍內之土地及建築物，經直轄市、縣（市）主管機關視地區發展趨勢及財政狀況同意者，得依下列規定減免稅捐。但依第三條第二項合併鄰接之建築物基地或土地面積，超過同條第一項建築物基地面積部分之土地及建築物，不予減免： 一、重建期間土地無法使用者，**免徵地價稅**。但未依建築期限完成重建且可歸責於土地所有權人之情形者，依法課徵之。 二、重建後地價稅及**房屋稅減半徵收**二年。 三、重建前合法建築物所有權人為自然人者，且持有重建後建築物，於前款房屋稅減半徵收二年期間內未移轉者，得延長其房屋稅減半徵收期間至喪失所有權止。但以十年為限。 依本條例適用租稅減免者，不得同時併用其他法律規定之同稅目租稅減免。但其他法律之規定較本條例更有利者，適用最有利之規定。 第一項規定年限屆期前半年，行政院得視情況延長之，並以一次為限。

題庫練習：

（C）1. 依都市危險及老舊建築物加速重建條例相關規定，下列敘述何者錯誤？ 【困難】

(A) 本條例係為因應潛在災害風險，加速都市計畫範圍內危險及老舊瀕危建築物之重建，改善居住環境，提升建築安全與國民生活品質而制定

(B) 本條例規定之合法建築物重建時，得合併鄰接之建築物基地或土地辦理。但鄰接之建築物基地或土地之面積，不得超過該建築物基地面積

(C) 都市計畫主管機關認定非具有歷史、文化、藝術及紀念價值之合法建築物，適用本條例規定辦理重建

(D) 依本條例規定申請重建時，新建建築物之起造人應擬具重建計畫，取得重建計畫範圍內全體土地及合法建築物所有權人之同意後，依建築法令規定申請建築執照

（D）2. 依都市危險及老舊建築物加速重建條例及其施行細則規定申請重建時，下列何者不是應檢附文件之一？ 【非常簡單】

(A) 合法建築物之證明文件或尚未完成重建之危險建築物證明文件

(B) 重建計畫範圍內全體土地及合法建築物所有權人名冊及同意書

(C) 重建計畫

(D) 建造執照申請書

（A）3. 依都市危險及老舊建築物加速重建條例規定申請重建時，下列敘述何者錯誤？ 【非常簡單】

(A) 由新建建築物之設計人擬具重建計畫【#5】

(B) 取得重建計畫範圍內全體土地及合法建築物所有權人之同意【#5】

(C) 向直轄市、縣（市）主管機關申請核准【#5】

(D) 重建計畫經核准後續依建築法令規定申請建築執照

（A）4. 有關都市危險及老舊建築物加速重建條例之獎勵措施，下列何者錯誤？ 【簡單】

(A) 補助拆除費用　　　　　　　(B) 提高建築容積獎勵

(C) 給予地價稅減免優惠　　　　(D) 給予房屋稅減免優惠

三十二、都市危險及老舊建築物加速重建條例及施行細則第3、6、7條

關鍵字與法條	條文內容
申請建造執照期限【都市危險及老舊建築物加速重建條例及施行細則 #7】	新建建築物起造人應自核准重建之次日起一百八十日內申請建造執照，屆期未申請者，原核准失其效力。但經直轄市、縣（市）主管機關同意者，**得延長一次**，延長期間以**一百八十日**為限。
【都市危險及老舊建築物加速重建條例及施行細則 #3】	本條例適用範圍，為都市計畫範圍內非經目的事業主管機關指定具有歷史、文化、藝術及紀念價值，且符合下列各款之一之合法建築物： 一、經建築主管機關依建築法規、災害防救法規通知限期拆除、逕予強制拆除，或評估有危險之虞應限期補強或拆除者。 二、經結構安全性能評估結果未達最低等級者。 三、屋齡三十年以上，經結構安全性能評估結果之建築物耐震能力未達一定標準，且改善不具效益或未設置昇降設備者。 前項合法建築物重建時，得合併鄰接之建築物基地或土地辦理。 本條例施行前已依建築法第八十一條、第八十二條拆除之危險建築物，其基地未完成重建者，得於本條例施行日起三年內，依本條例規定申請重建。 第一項第二款、第三款結構安全性能評估，由**建築物所有權人委託經中央主管機關評定之共同供應契約機構辦理**。 辦理結構安全性能評估機構及其人員不得為不實之簽證或出具不實之評估報告書。 第一項第二款、第三款結構安全性能評估之內容、申請方式、評估項目、權重、等級、評估基準、評估方式、評估報告書、經中央主管機關評定之共同供應契約機構與其人員之資格、管理、審查及其他相關事項之辦法，由中央主管機關定之。
【都市危險及老舊建築物加速重建條例及施行細則 #6】	1. 重建計畫範圍內之建築基地，得視其實際需要，**給予適度之建築容積獎勵**；獎勵後之建築容積，不得超過各該建築基地一點三倍之基準容積或各該建築基地一點一五倍之原建築容積，不受都市計畫法第八十五條所定施行細則規定基準容積及增加建築容積總和上限之限制。 2. 本條例施行後一定期間內申請之重建計畫，得依下列規定再給予獎勵，不受前項獎勵後之建築容積規定上限之限制： 　一、施行後三年內：各該建築基地基準容積百分之十。 　二、施行後第四年：各該建築基地基準容積百分之八。 　三、施行後第五年：各該建築基地基準容積百分之六。 　四、施行後第六年：各該建築基地基準容積百分之四。

關鍵字與法條	條文內容
	五、施行後第七年：各該建築基地基準容積百分之二。 六、施行後第八年：各該建築基地基準容積百分之一。 3. 重建計畫範圍內符合第三條第一項之建築物基地或加計同條第二項合併鄰接之建築物基地或土地達二百平方公尺者，再給予各該建築基地基準容積百分之二之獎勵，每增加一百平方公尺，另給予基準容積百分之零點五之獎勵，不受第一項獎勵後之建築容積規定上限之限制。 4. 前二項獎勵合計不得超過各該建築基地基準容積之百分之十。 5. 依第三條第二項合併鄰接之建築物基地或土地，適用第一項至第三項建築容積獎勵規定時，其面積不得超過第三條第一項之建築物基地面積，且最高以一千平方公尺為限。 6. 依本條例**申請建築容積獎勵者，不得同時適用其他法令規定之建築容積獎勵項目。** 7. 第一項建築容積獎勵之項目、計算方式、額度、申請條件及其他應遵行事項之辦法，由中央主管機關定之。
實施重建者 **【都市危險及老舊建築物加速重建條例及施行細則 #7】**	依本條例實施重建者，其建蔽率及建築物高度得酌予放寬；其標準由直轄市、縣（市）主管機關定之。但建蔽率之放寬以住宅區之基地為限，且不得超過原建蔽率。

題庫練習：

（B）	依都市危險及老舊建築物加速重建條例規定申請重建時，下列敘述何者錯誤？　　　　　　　　　　　　　　　　　　　　【非常困難】 (A) 申請建築容積獎勵者，不得同時適用其他法令規定之建築容積獎勵項目【條例 #6】 (B) 經核准重建之新建建築物起造人申請建造執照期限，得經直轄市、縣（市）主管機關同意延長 2 次，延長期間以 1 年為限【細則 #7】 (C) 辦理重建之建築物，其結構安全性能評估由建築物所有權人委託經中央主管機關評定之共同供應契約機構辦理【條例 #3】 (D) 實施重建之基地，其建蔽率得酌予放寬。但建蔽率之放寬以住宅區之基地為限，且不得超過原建蔽率【條例 #7】

三十三、都市危險及老舊建築物建築容積獎勵辦法第 7、9 條

關鍵字與法條	條文內容
獎勵額度 【都市危險及老舊建築物建築容積獎勵辦法 #7】	取得候選等級綠建築證書之容積獎勵額度，規定如下： 一、鑽石級：基準容積百分之十。 二、黃金級：基準容積百分之八。 三、銀級：基準容積百分之六。 四、銅級：基準容積百分之四。 五、合格級：基準容積百分之二。 重建計畫範圍內建築基地面積達五百平方公尺以上者，不適用前項第四款及第五款規定之獎勵額度。
容積獎勵額度 【都市危險及老舊建築物建築容積獎勵辦法 #9】	建築物無障礙環境設計之容積獎勵額度，規定如下： 一、取得**無障礙住宅建築標章：基準容積百分之五。** 二、依住宅性能評估實施辦法辦理新建住宅性能評估之無障礙環境者： （一）第一級：基準容積百分之四。 （二）第二級：基準容積百分之三。 前項各款容積獎勵額度不得重複申請。

題庫練習：

（D）1. 依都市危險及老舊建築物建築容積獎勵辦法規定，重建計畫範圍內建築基地面積達 500 平方公尺以上者，取得候選等級綠建築證書之容積獎勵額度，下列何者錯誤？　　　　　　　　　　　　【適中】
(A) 鑽石級：基準容積百分之十
(B) 黃金級：基準容積百分之八
(C) 銀級：基準容積百分之六
(D) 合格級：基準容積百分之四

（C）2. 依都市危險及老舊建築物建築容積獎勵辦法規定，建築物無障礙環境設計之容積獎勵額度為基準容積百分之幾？　　　　　　【非常簡單】
(A) 七　　　　　(B) 六　　　　　(C) 五　　　　　(D) 四

三十四、都市計畫容積移轉實施辦法第 6、8、9 條

關鍵字與法條	條文內容
送出基地限制 【都市計畫容積移轉實施辦法 #6】	送出基地以下列各款土地為限： 一、都市計畫表明應予保存或經直轄市、縣（市）主管機關認定有保存價值之建築所定著之土地。 二、為改善都市環境或景觀，提供作為公共開放空間使用之可建築土地。 三、私有都市計畫公共設施保留地。但不包括都市計畫書規定應以區段徵收、市地重劃或其他方式整體開發取得者。 前項第一款之認定基準及程序，由當地直轄市、縣（市）主管機關定之。 第一項第二款之土地，其坵形應完整，**面積不得小於五百平方公尺**。但因法令變更致不能建築使用者，或經直轄市、縣（市）政府勘定無法合併建築之小建築基地，不在此限。
整體開發地區、實施都市更新地區、面臨永久性空地 【都市計畫容積移轉實施辦法 #8】	接受基地之可移入容積，以不超過該接受基地基準容積之百分之三十為原則。 位於**整體開發地區、實施都市更新地區、面臨永久性空地或其他都市計畫指定地區範圍內之接受基地，其可移入容積得酌予增加。但不得超過該接受基地基準容積之百分之四十。**
接受基地移入之容積，應按送出基地及接受基地之何種比值計算？ 【都市計畫容積移轉實施辦法 #9】	接受基地移入送出基地之容積，應按申請容積移轉當期各該送出基地及接受基地 公告土地現值 之比值計算，其計算公式如下： 接受基地移入之容積＝送出基地之土地面積 ×（申請容積移轉當期送出基地之公告土地現值／申請容積移轉當期接受基地之公告土地現值）× 接受基地之容積率。

題庫練習：

（D）1. 依據都市計畫容積移轉實施辦法，下列何者不屬「送出基地」？【適中】
(A) 經主管機關認定應保存或有保存價值之建築所定著之土地
(B) 為改善都市環境或景觀，提供作為公共開放空間使用之可建築土地
(C) 私有都市計畫公共設施保留地
(D) 已開闢之都市計畫公共設施用地

（C）2. 按都市計畫容積移轉實施辦法，可建築土地提供作為公共開放空間使用之送出基地，除了因法令變更或經政府機關勘定無法建築使用者外，其坵形應完整，面積最少不得小於多少 m^2？　　　【適中】
(A) 300　　　　(B) 400　　　　(C) 500　　　　(D) 800

（B）3. 依都市計畫容積移轉實施辦法之規定，下列何者為不適用容積移轉之地區？　【適中】
(A) 實施容積率管制之都市計畫地區
(B) 實施容積率管制之非都市土地
(C) 都市計畫公共設施保留地
(D) 都市計畫表明應予保存或經主管機關認定有保存價值之建築所定著之土地

（D）4. 按都市計畫容積移轉實施辦法，下列何者不包括於送出基地之准許範圍？　【適中】
(A) 縣（市）主管機關認為有保存價值之建築所定著之私有土地
(B) 為改善都市環境，提供作為公共開放空間使用之可建築土地
(C) 私有都市計畫公共設施保留地
(D) 都市計畫規定應以市地重劃方式整體開發取得者

（D）5. 依都市計畫容積移轉實施辦法，可作為容積送出基地之敘述，下列何者不符？　【簡單】
(A) 為改善都市環境或景觀，提供作為公共開放空間使用之可建築土地
(B) 都市計畫表明有保存價值之建築所定著之私有土地
(C) 經主管機關認定，有保存價值之建築所定著之私有土地
(D) 區段徵收取得的私有都市計畫公共設施保留地

（B）6. 依都市計畫容積移轉實施辦法，可移入容積不得超過該接受基地基準容積百分之四十的基地，有關其區位條件之規定，下列何者錯誤？　【適中】
(A) 面臨永久性空地　　　　(B) 面臨農業用地
(C) 位於整體開發地區　　　(D) 實施都市更新地區

（C）7. 依都市計畫容積移轉實施辦法，位於整體開發地區、實施都市更新地區、面臨永久性空地或其他都市計畫指定地區範圍內之接受基地，其可移入容積得酌予增加。但至多不得超過該接受基地基準容積之多少？　【適中】
(A) 20%　　(B) 30%　　(C) 40%　　(D) 50%

（B）8. 依都市計畫容積移轉實施辦法之規定，接受基地移入之容積，應按送出基地及接受基地之何種比值計算？　【適中】
(A) 法定容積　　　　(B) 當期公告土地現值
(C) 土地市價　　　　(D) 1：1

國家圖書館出版品預行編目資料

專門職業及技術人員高考建築師營建法規與
實務考試完勝寶典. 上, 建築法、建築師法
及其子法、建築技術規則；都市計畫法、都
市更新條例及其子法/邱朝暉, 高士峯著.
--初版.--臺北市：五南圖書出版股份
有限公司, 2024.04
面；　公分
ISBN 978-626-393-233-3（平裝）

1.CST: 建築師　2.CST: 營建法規　3.CST:
考試指南
441.51　　　　　　　　　　113004157

5G56

專門職業及技術人員高考建築師營建法規與實務考試完勝寶典（上冊）：建築法、建築師法及其子法、建築技術規則；都市計畫法、都市更新條例及其子法

作　　者 ─ 邱朝暉（152.4）、高士峯

發 行 人 ─ 楊榮川

總 經 理 ─ 楊士清

總 編 輯 ─ 楊秀麗

副總編輯 ─ 王正華

責任編輯 ─ 金明芬

封面設計 ─ 封怡彤

出 版 者 ─ 五南圖書出版股份有限公司

地　　址：106台北市大安區和平東路二段339號4樓

電　　話：(02)2705-5066　　傳　　真：(02)2706-6100

網　　址：https://www.wunan.com.tw

電子郵件：wunan@wunan.com.tw

劃撥帳號：01068953

戶　　名：五南圖書出版股份有限公司

法律顧問　林勝安律師

出版日期　2024年 4 月初版一刷

定　　價　新臺幣360元

經典永恆・名著常在

五十週年的獻禮——經典名著文庫

五南，五十年了，半個世紀，人生旅程的一大半，走過來了。

思索著，邁向百年的未來歷程，能為知識界、文化學術界作些什麼？

在速食文化的生態下，有什麼值得讓人雋永品味的？

歷代經典・當今名著，經過時間的洗禮，千錘百鍊，流傳至今，光芒耀人；

不僅使我們能領悟前人的智慧，同時也增深加廣我們思考的深度與視野。

我們決心投入巨資，有計畫的系統梳選，成立「經典名著文庫」，

希望收入古今中外思想性的、充滿睿智與獨見的經典、名著。

這是一項理想性的、永續性的巨大出版工程。

不在意讀者的眾寡，只考慮它的學術價值，力求完整展現先哲思想的軌跡；

為知識界開啟一片智慧之窗，營造一座百花綻放的世界文明公園，

任君遨遊、取菁吸蜜、嘉惠學子！